怎样看电气二次回路图

苏玉林　刘志民　熊　森

中国电力出版社
CHINA ELECTRIC POWER PRESS

内 容 提 要

本书共分八章，主要内容有电气二次回路概述、测量仪表回路图、控制回路图及中央信号回路图、输电线路继电保护装置的二次回路图、变压器保护的二次回路图、自动装置的二次回路图、母线差动及失灵保护的二次回路图、直流电源的二次回路图。

全书内容理论联系实际，由浅入深、通俗易懂、文图并茂，可供具有初中文化程度从事电气运行的电工及工矿企业、电力系统电工和农村电工阅读，也可供电力技校及中等专业学校的学生参考。

图书在版编目（CIP）数据

怎样看电气二次回路图/苏玉林等编．-北京：中国电力出版社，1992.2（2025.8 重印）
ISBN 978-7-80125-396-5

Ⅰ．怎... Ⅱ．①苏... Ⅲ．二次系统-电路图-识图法
Ⅳ．TM645.2

中国版本图书馆 CIP 数据核字（97）第 15907 号

中国电力出版社出版、发行

（北京市东城区北京站西街 19 号 100005 http://www.cepp.sgcc.com.cn）
三河市航远印刷有限公司印刷
各地新华书店经售

*

1992 年 2 月第一版 2025 年 8 月北京第三十九次印刷
787 毫米×1092 毫米 32 开本 7.25 印张 161 千字 2 插页
印数 174221—176220 册 定价 **30.00** 元

前　言

电力工业是整个国民经济的重要组成部分，它直接影响着工农业生产的发展和人民生活的提高。电能生产的特点是它的连续性，一刻也不能中断。因此，保证发电机、变压器、输电线路安全可靠地运行和提高电能质量具有重要的意义。

经验证明，电气一次设备（简称一次设备）在运行中往往因外力破坏或设备本身存在问题而发生故障造成事故。因此，这就要求装设继电保护和安全自动装置、以及监控、测量、信号等电气二次设备（简称二次设备），以便在发生事故时能有选择地、快速地、灵敏地、可靠地切除故障，保证无故障设备继续向用户供电。由此可知，二次设备在电力系统中是不可缺少的，也是非常重要的。

建国以来，电力工业得到了迅速发展，在电气二次设备的安装、检修、维护运行等方面积累了丰富的经验。本书试图帮助从事电力事业的工作人员尽快掌握二次回路的识图方法，以利加速电力工业的发展和提高电力系统的安全运行水平。

本书以变电所的电气二次回路为主加以叙述。但对部分继电保护及安全自动装置等设备的原理也作了简要说明，以便加深对二次回路的理解。

本书根据作者多年积累的经验，并参考了近年国内出版的有关书籍和原水利电力部颁发的有关规程编写而成。其中，第一、四、五、七章由苏玉林编写，第二、三、八章由刘志民编写，第六章由熊森和苏玉林编写。全书由苏玉林统稿。

　　本书的初稿完成后，由孟庆炎进行了认真细致的审稿，提出了许多宝贵意见，在此表示衷心的感谢。

　　由于编写经验不足，水平有限，收集的资料不全，书中内容和图例难免有不妥之处，恳请广大读者批评指正。

作者

1990.5

目　　录

第一章　电气二次回路概述

第一节　一、二次设备划分原则

电气的生产、输送、分配和使用，需大量的、各种类型的电气设备，以构成电力发、输、配的主系统。为了使主系统安全、稳定、连续、可靠地向用户提供充足的、合格的电能，系统的运行方式需经常进行改变，并应随时监察其工况。当某一设备发生故障时，应尽快地、有选择性地切除故障，以保证电气设备和电力系统的安全运行。这些功能是由电力主系统以外的其他电气设备来完成的。因此，电气设备可根据它们在电力生产中不同的作用分成一次设备和二次设备。

一次设备是指直接参加发、输、配电能的系统中使用的电气设备，如发电机、变压器、电力电缆、输电线、断路器、隔离开关、电流互感器、电压互感器、避雷器等。由这些设备连接在一起构成的电路，称之为一次接线或称主接线。

二次设备是指对一次设备的工况进行监测、控制、调节、保护，为运行人员提供运行工况或生产指挥信号所需要的电气设备，如测量仪表、继电器、控制及信号器具、自动装置等。这些设备，通常由电流互感器和电压互感器的二次绕组的出线以及直流回路，按着一定的要求连接在一起构成的电路，称之为二次接线或二次回路。描述二次回路的图纸称为二次接线图或二次回路图。

二次回路一般包括：控制回路、继电保护回路、测量回路、信号回路、自动装置回路。按交、直流来分，又可分为交流电压和交流电流回路以及直流逻辑回路。

第二节　二次回路的重要性

在发电厂或变电所中，一次设备是重要的，二次设备也是重要的。因为一次设备和二次设备构成一个整体，只有二者都处在良好的状态，才能保证电力生产的安全，尤其是在大型的、现代化的电网中，二次设备的重要性更显突出。因此，过去那种重一次设备，轻二次设备的观念应该改变。

二次回路的故障常会破坏或影响电力生产的正常运行。例如：若某变电所差动保护的二次回路接线有错误，则当变压器带的负荷较大或发生穿越性相间短路时，就会发生误跳闸；若线路保护接线有错误时，一旦系统发生故障，则断路器该跳闸的不跳闸，不该跳闸的却跳了闸，就会造成设备损坏、电力系统瓦解的大事故；若测量回路有问题，就将影响计量，少收或多收用户的电费，同时也难以判定电能质量是否合格。因此，二次回路虽非主体，但它在保证电力生产的安全，向用户提供合格的电能等方面都起着极其重要的作用。所以，从事二次回路施工及运行维护的工作人员，都必须熟悉二次回路的原理，充分理解设计图纸的意图，认真检查二次设备的质量、确保二次回路的正确，并应学会读二次回路图的方法，这是用好、管好电气设备、确保电力生产安全的重要环节。

第三节　看二次回路图的基本方法

二次回路图的逻辑性很强，在绘制时遵循着一定的规律，看图时若能抓住此规律就很容易看懂。尤其是对比较复杂的继电保护装置的展开图（如距离保护、高频保护等），每一套保护装置由几十只继电器构成，把这些继电器按着一定的逻辑及标准的符号，用线连接在一起，回路是很复杂的。但只要我们遵循下面介绍的看图方法就能阅读这些图纸。

阅图前首先应弄通该张图纸所绘制的继电保护装置的动作原理及其功能和图纸上所标符号代表的设备名称，然后再看图纸。看图的要领可归纳为下述的顺口溜：

"先交流，后直流；交流看电源，直流找线圈；抓住触点不放松，一个一个全查清。"

"先上后下，先左后右，屏外设备一个也不漏。"

所谓"先交流，后直流"，是指先看二次接线图的交流回路，把交流回路看完弄懂后，根据交流回路的电气量以及在系统中发生故障时这些电气量的变化特点，向直流逻辑回路推断，再看看直流回路。一般说来，交流回路比较简单，容易看懂。

"交流看电源，直流找线圈"，是指交流回路要从电源入手。交流回路由电流回路和电压回路两部分组成，先找出它们是由哪些电流互感器或哪一组电压互感器来的？在两种互感器中传变的电流或电压量起什么作用？与直流回路有什么关系？这些电气量是由哪些继电器反应出来的，它们的符号是什么？然后再找与其相应的触点回路。这样就把每组电流互感器或电压互感器的二次回路中所接的每个继电器一个个的分析完,看它们都用在什么回路? 跟哪些回路有关? 在头脑中有个轮廓,再往后就容易看了。

"抓住触点不放松,一个一个全查清",就是说,找到继电器的线圈后,再找出与之相应的触点。根据触点的闭合或开断引起回路变化的情况,再进一步分析,直至查清整个逻辑回路的动作过程。

"先上后下,先左后右,屏外设备一个不漏",这个要领主要是针对端子排图和屏后安装图而言。看端子排图一定要配合展开图来看,展开图有如下的规律:

(1)直流母线或交流电压母线用粗线条表示,以区别于其他回路的联络线。

(2)继电器和每一个小的逻辑回路的作用都在展开图的右侧注明。

(3)继电器和各种电气元件的文字符号和相应原理接线图中的文字符号一致。

(4)继电器的触点和电气元件之间的连接线段都有数字编号(称回路标号)。

(5)继电器的文字符号与其本身触点的文字符号相同。

(6)各种小母线和辅助小母线都有标号,见表 1-4 和表 1-5 的小母线编号表。

(7)对于展开图中个别的继电器,或该继电器的触点在另一张图中表示,或在其他安装单位中有表示,都在图纸上说明去向,对任何引进触点或回路也说明来处。

(8)直流正极按奇数顺序标号,负极回路则按偶数顺序编号。回路经过元件(如线圈、电阻,电容等)后,其标号也随着改变(回路标号见表 1-2)。

（9）常用的回路都给以固定的编号，如断路器的跳闸回路用 33，133，233，333 等，合闸回路用 3、103 等。

（10）交流回路的标号除用三位数外，前面加注文字符号。交流回路使用的数字范围是：电压回路为 600～799；电流回路为 400～599。它们的个位数字表示不同的回路；十位数字表示互感器的组数（即电流和电压互感器的组数）。回路使用的标号组，要与互感器文字符号前的"数字序号"相对应。如：1LH 电流互感器的 A 相回路标号应是 $A411～A419$；电压互感器 2YH 的 A 相回路标号应是 $A621～A629$。

展开图上凡与屏外有联系的回路编号，均应在端子排图上占据一个位置。单纯看端子排图是看不出个究竟来的，它仅是一系列的数字和符号的集合，把它与展开图结合起来看，就知道它的连接回路了。

二次回路图按其不同的绘制方法可分为三大类，即原理图、展开图、安装图。应据二次回路各部分不同的特点和作用，绘制不同的图。

第四节　原　理　图

二次回路的原理图是体现二次回路工作原理的图纸，并且是绘制展开图和安装图的基础。在原理接线图中，与二次回路有关的一次设备和一次回路，是同二次设备和二次回路画在一起的。所有的一次设备（例如变压器、断路器等）和二次设备（如继电器、仪表等），都以整体的形式在图纸中表示出来，例如相互连接的电流回路、电压回路、直流回路等，都是综合在一起的。因此，这种接线图的特点是能够使看图者对整个二次回路的构成以及动作过程，都有一个明确的整体概念。现以某一 10kV 线路的继电保护装置为例加以说明，如图 1-1 所示。

从图中可知，整套保护装置包括，时限速断保护，它由电流继电器 1LJ、2LJ，时间继电器 1SJ 及信号继电器 1XJ，连接片 1LP 所组成；过电流保护，它由电流继电器 3LJ、4LJ，时间继电器 2SJ，信号继电器 2XJ，连接片 2LP 所组成。当线路发生 A、B 两相短路时，其动作过程如下：

若故障点在时限速断及过流保护的保护范围内，因 A 相装有电流互感器 1LH，其二次反应出短路电流，使时限速断保护的电流继电器 1LJ 和过电流保护的电流继电器 3LJ 均起动。1LJ、3LJ 的常开触点闭合，将直流正电源分别加在 1SJ、2SJ 的线圈上，使两个时间继电器均起动。又因时限速断保护的动作时间小于过电流保护的动作时间，所以 1SJ 的延时常开触点先闭合，并经信号继电器 1XJ 及连接片 1LP 到断路器 DL 的跳闸线圈，跳开断路器，切除故障。

从图 1-1 中可以看出，一次设备（如 DL、1G 等）和二次设备（如 1LJ、1SJ、1XJ 等）都以完整的图形符号表示出来，能使我们对整套继电保护装置的工作原理有一个整体概念。但是这种图存在着许多缺点：

（1）只能表示出继电保护装置的主要元件，而对细节之处则无法表示。

（2）不能反应继电器之间连接线的实际位置，不便维护和调试。

（3）没有反应出各元件内部的接线情况，如端子编号、回路编号等。

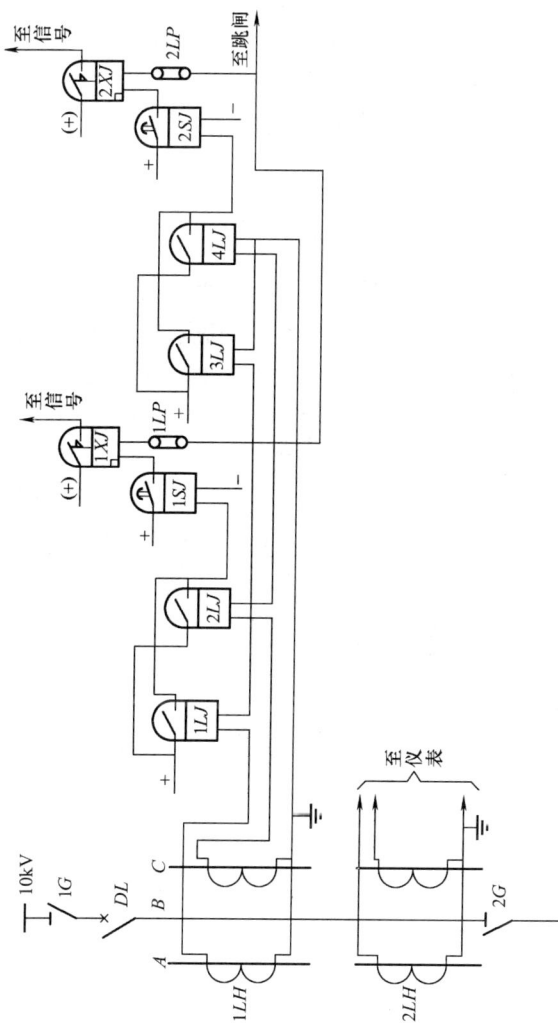

图 1-1　10kV 线路保护原理接线

7

（4）标出的直流"正"、"负"极比较分散，不易看图。

（5）对于较复杂的继电保护装置（例如距离保护等）很难用原理接线图表示出来，即使画出了图，也很难看清。因此，在实际工作中广泛采用展开图。

第五节　展　开　图

展开图是以二次回路的每一个独立电源来划分单元而进行编制的。例如：交流电流回路、交流电压回路、直流控制回路、继电保护回路、信号回路等。根据这个原则，必须将

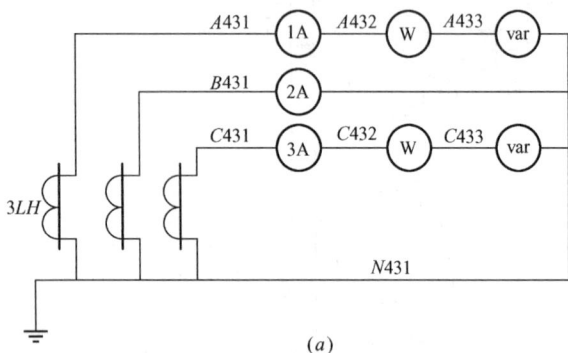

(a)

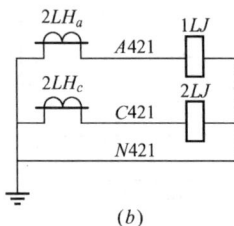

(b)

图 1-2　交流电流回路展开图

(a) 测量回路；(b) 继电保护回路

8

属于同一个仪表或继电器的电流线圈、电压线圈以及触点，分别画在不同的回路中。为了避免混淆，属于同一个仪表或继电器的线圈、触点等，都采用相同的文字符号。

一、交流电流、交流电压回路

交流电流和交流电压回路的展开图，分别示于图 1-2、图 1-3 中，图中各元件按 A、B、C 相序排成三行，并与实际连接的顺序相符，相互连接处均注着回路标号。如测量回路中的 A 相，标有 $A431$，经过电流表 1A 后，线路的标号则为 $A432$，再经功率表 W 后，又改为 $A433$，往后依此类推。

在图 1-2 中，对于有功功率表 W 和无功功率表 var，只标示出其电流回路，而对于其电压线圈，按展开图绘制原则，只能在交流电压回路的展开图中表示出来，如图 1-3 所示。

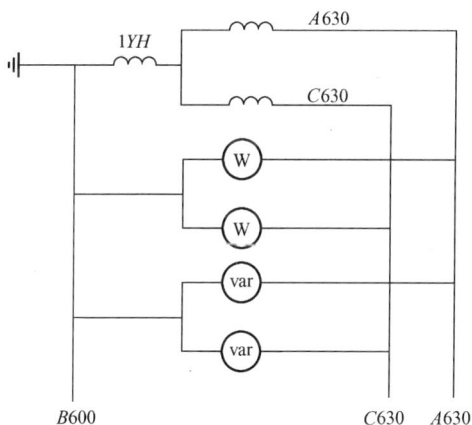

图 1-3 交流电压回路展开图

注 此图的电压互感器为 B 相接地。

9

二、直流回路展开图

直流回路展开图按其作用可分为继电保护回路、信号回路、控制回路等。现以继电保护回路为例加以说明，如图1-4所示。

图的左边为保护装置的逻辑回路，右边相对于逻辑回路标有继电保护装置的种类及回路名称。如过电流、速断、瓦斯等。

从图1-4中很容易看清继电保护动作的过程。例如速断保护，当速断保护的电流继电器1LJ或2LJ动作后，直流正电源就加到了信号继电器3XJ和保护出口继电器1BCJ线圈上。1BCJ动作后，其两个触点闭合，分别跳开1DL、2DL断路器。

从图1-2、图1-3、图1-4可知，展开图的接线清晰、易于阅读，便于掌握整套继电保护装置的动作过程和工作原理，特别是在复杂的继电保护装置的二次回路中，用展开图

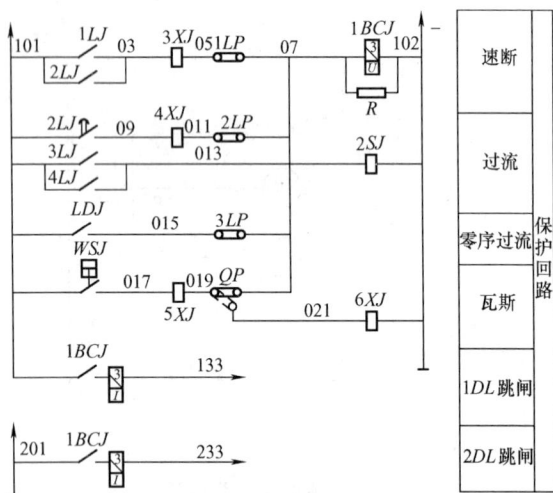

图1-4　继电保护直流回路展开图

绘制，其优点更为突出。

第六节　安装接线图

为施工、维护运行的方便，在展开图的基础上，还应绘出安装接线图。安装接线图包括：屏面布置图，屏背面接线图，端子排图三部分。

一、屏面布置图

屏面布置图是加工制造屏、盘和安装屏、盘上设备的依据。上面每个元件的排列、布置，系根据运行操作的合理性，并考虑维护运行和施工的方便而确定的。因此，应按一定的比例进行绘制，例如，图 1-5，它示出的是变压器控制屏的屏面布置图。

二、屏背面接线图

屏背面接线图是以屏面布置图为基础，并以展开图为依据而绘制成的接线图。它标明了屏上各个设备的代表符号、顺序号，以及每个设备引出端子之间的连接情况和设备与端子排之间的连接情况，它是一种指导屏上配线工作的图纸。

为了配线方便，在这种接线图中，对各设备和端子排一般都

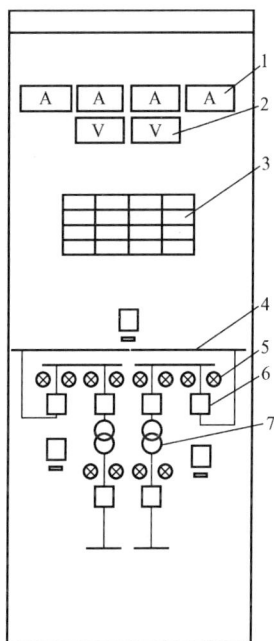

图 1-5　变压器控制屏的
屏面布置图

1—电流表；2—电压表；3—光
字牌；4——一次母线；5—指示灯；
6—断路器；7—变压器

增加了一种采用相对编号法进行的编号，用以说明这些设备相互连接的关系，即：甲接线柱上标了乙接线柱的号，乙接线柱上又标了甲接线柱上的号，这表明甲、乙两接线柱之间应连接在一起。

例如图 1-6 就是某控制屏的屏背面接线图的一部分。现

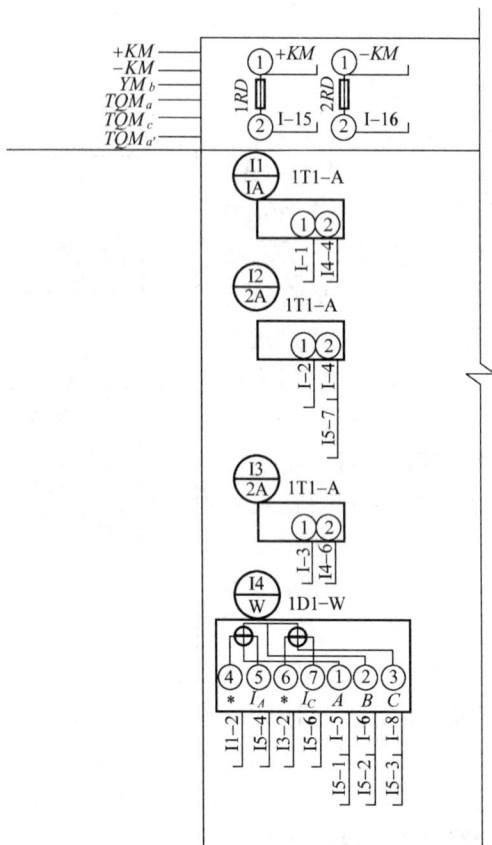

图 1-6　某控制屏的屏背面接线图

以图中的设备 1T1-A 为例加以说明。在该设备图的左上方画有一圆，圆中有一横线，横线上方表示安装设备的单元顺序号为"I_1"，其横线的下方表示设备的代表符号"1A"。而图中的方块则表示设备的形状和位置。方块内的小圆圈中的数字是引出线接线柱的编号，同时，①号接线柱下的引出线上标有 I_{-1}，②号接线柱下标有 I_{4-4}。这说明它的①号接线柱上的导线应引到安装单元为 I 的设备的第①号接线柱上。假若安装单元为 I 的设备是图 1-7 端子排图，因此，导线应接到此端子排的第①号端子上，同时图 1-7 的第①号端子上也应有到 I_{1-1} 的标号。这就是说，它应接到安装单元为 I_1 的设备（即上述的 1T1—A）的①号接线柱上，以此相互呼应，便于配线或查寻。再以 $1T_1$—A 第②号接线柱为例，也是如此，即它的标号为 I_{4-4}，也就是到安装单元为 I_4 的设备 $1D_1$—W 的第④号接线柱上，而 $1D_1$—W 的第④号接线柱上也应有到 I_1 的第②号接线柱上的标号 I_{1-2}，它们之间也是相互呼应的。

三、端子排图

端子排图是表示屏与屏之间电缆的连接和屏上设备连接情况的图纸，如图 1-7 所示。图中左边的编号，是指连接电缆的去向和电缆所连接设备接线柱的标号。如：$A431$、$B431$、$C431$ 是由 10kV 电流互感器来的，并用编号为 1 的二次电缆将 10kV 电流互感器和端子排 I 连接起来。

端子排 I 的中间编号 1～20，为端子排的顺序号。

端子排的右侧标号，是到屏内各设备的编号，如 I_{1-1} 表示到屏上装的设备标号为 I_1 的第①号接线柱。据安装图绘制原则的要求，屏上设备 I_1 的第①号接线柱也应标有到端子排 I 的"1"号的标号，即 I_{-1}。

到小母线 〈1〉

10kV 线路		
$A431$	1	I1–1
$B431$	2	I2–1
$C431$	3	I3–1
$N431$	4	I2–2
$A710$	5	I4–1
YM_b	6	I4–2
$B600$	7	
$C710$	8	I4–3
$A601$	9	I10–17
	10	
TQM_a	11	I10–11
TQM_c	12	I10–15
$TQM_{a'}$	13	I10–19
101	14	
$1RD$	15	
$2RD$	16	
102	17	
133	18	
	19	
	20	

4 3 2 1
由 由
10kV 10kV
电 电
压 流
互 互
感 感
器 器
来 来

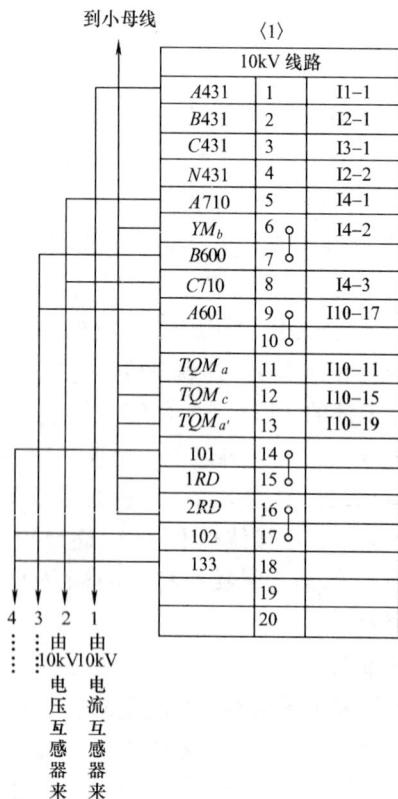

图 1-7 端子排图

第七节 电流互感器和电压互感器的接线图

电力系统中的二次设备——继电保护及安全自动装置，绝大多数是根据故障时电流增大、电压降低的电气量的变化

14

而工作的。这些电气量一般都是通过电流互感器、电压互感器副线圈加到继电保护及安全自动装置上的。故在此将电流互感器和电压互感器的副线圈接线方式加以说明。

一、电流互感器的接线方式

在电流保护中,电流互感器的接线方式主要有四种:三相星形接线方式,两相不完全星形接线方式,两相电流差接线方式和两相三继电器式接线方式。

1. 三相星形接线方式

三相星形接线方式见图1-8。

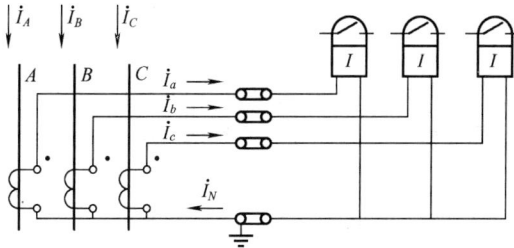

图1-8 三相星形接线图

三相星形接线方式的保护对各种故障(如三相、两相、单相接地短路)都能满足要求,起到保护的作用,而且具有相同的灵敏度。例如:当三相短路时,各相都有短路电流流过,它们也都反应到电流互感器的二次侧,并分别流经 A、B、C 三相继电器线圈,使三只继电器均动作。当发生 A、B 两相短路时,A、B 两相分别有短路电流流过,并相应反应到电流互感器的二次侧,分别流经 A、B 相继电器线圈,使二只继电器动作。若发生 A 相接地故障时,则 A 相的继电器线圈流经 A 相的接地故障电流,使其动作。

电流互感器的三相星形接线方式,适用于中性点直接接地系统的线路电流保护及变压器的电流保护。

2. 两相不完全星形接线方式

两相不完全星形接线方式，如图 1-9 所示。

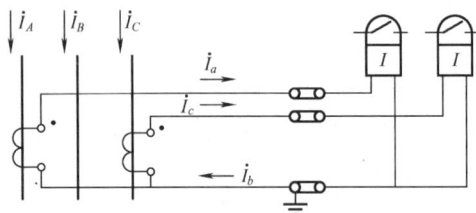

图 1-9　两相不完全星形接线

此种接线用两只电流互感器与两只继电器装在 A、C 两相上对应连接起来，与三相星形接线方式的差别是没有 B 相电流互感器和继电器。它对各种相间短路都是能够满足要求的，例如：三相短路和 A、C 两相短路时，两只继电器都动作；A、B 两相短路时，则 A 相的继电器动作；B、C 两相短路时，则 C 相继电器动作。当 B 相发生接地故障时，因 A、C 两相继电器中没有故障电流流过，B 相又无继电器和电流互感器，所以起不到保护作用。

两相不完全星形接线方式，适用于变压器中性点不接地或经消弧线圈接地的系统中，用于线路的电流保护装置中。例如 6～35kW 系统中线路的过电流保护、速断保护装置使用的电流互感器均应采用这种接线方式，以提高供电的可靠性。

由于两相不完全星形接线方式比三相星形接线方式少了三分之一的设备，所以节约了投资，并能提高中性点非直接接地系统中供电的可靠性，故得到了广泛的应用。

在不完全星形接线的方式中，不装电流互感器的一相一

般规定为 B 相。在一个电网中，如果出线开关的过电流保护装有电流互感器的两相不统一，则当发生相间接地短路时会造成保护拒绝动作而越级跳闸，如图 1-10 所示。1 号线路的 A 相、B 相装有过电流保护，2 号线路的 B 相、C 相装有过电流保护。当 1 号线路和 2 号线路同时发生 C 相和 A 相接地故障时，两条线路的过电流保护均不动作，造成上一级过电流保护越级跳闸，扩大了停电范围。如果在此系统中各断路器的过电流保护都装在 A、C 两相上，则当发生上述两点接地短路时，跳开 1 号和 2 号断路器就消除了故障；若发生 A、B 两相或 B、C 两相接地短路时只跳开一条线路即可消除两点接地故障，此时虽仍存在一条线路接地，但从电

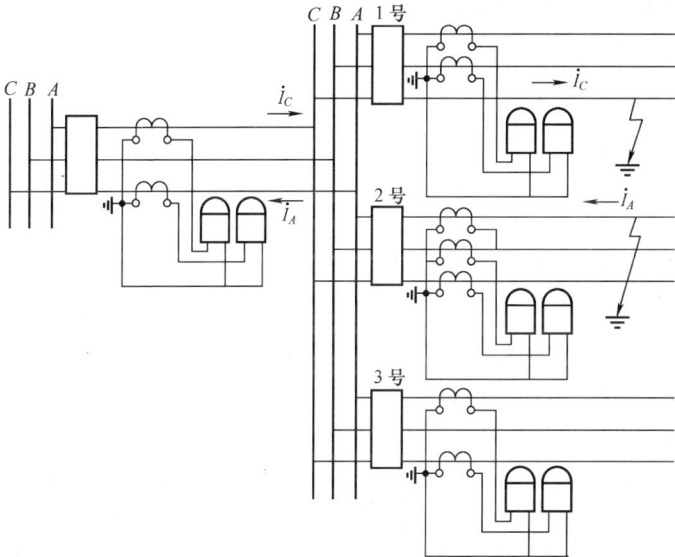

图 1-10　不完全星形接线越级跳闸的示意图

17

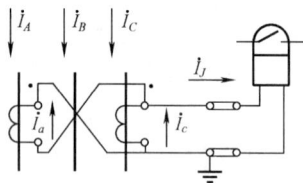

图 1-11 两相电流差接线方式

力法规规定是可运行两小时的，所以大大地提高了供电可靠性。

3. 两相电流差接线方式

两相电流差接线方式见图1-11。

从图1-11中可知，它用两只电流互感器和一只继电器组成。在正常工作时，流过继电器的电流为

$$\dot{I}_j = \dot{I}_c - \dot{I}_a$$

所以 $I_j = \sqrt{3}\,I_a = \sqrt{3}\,I_c$

即流过继电器的电流是 C 相和 A 相电流的几何差，其数值是电流互感器二次电流的 $\sqrt{3}$ 倍。

这种接线的主要特点是能够反应各种相间短路，但灵敏度不一样，另外比较经济。但因这种接线方式可靠性差等原因，一般很少采用。

4. 两相三继电器的接线方式

两相三继电器接线方式也称两相星形接线方式，其接线如图1-12所示。

此种接线方式由两只电流互感器和三只继电器构成。它与三相星形接线方式相比较，少一只电流互感器；与两相不完全星形接线相比，多了一只继电器。

这种接线方式能够反应各种相间短路且灵敏度相同，如：三相短路或 A、C 两相短路时，a、c 两只继电器动作；A、B 两相短路时，a、b 两只继电器动作；B、C 两相短路时，b、c 两只继电器动作。

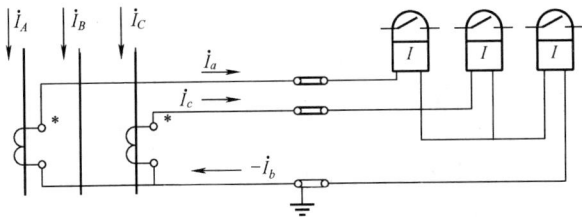

图 1-12 两相三继电器接线方式

从以上分析可知，此种接线方式在任何两相短路时，均有两只继电器动作，所以，较两相不完全星形接线的可靠性高。

在发生三相短路时，这种接线方式的电流互感器零线中所接的电流继电器 I，是由 A 相电流 $\dot{I}_a$ 和 C 相电流 $\dot{I}_c$ 的相量和来起动的，见图 1-13，即

$$\dot{I}_a + \dot{I}_c = -\dot{I}_b$$

此种接线方式的缺点，就是不能反应 B 相接地故障时的电流，所以不能用在中性点直接接地系统中。它适用于在中性点非直接接地系统中，作线路变压器组的保护装置接线或在无条件装 B 相电流互感器的双绕组变压器的保护装置接线。

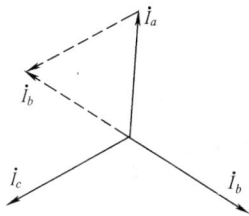

图 1-13 $\dot{I}_a$、$\dot{I}_c$ 两相电流相量和等于$-\dot{I}_b$

二、电压互感器的接线方式

电压互感器常用的接线方式有 Y_0/Y_0 星形接线，V/V 不完全三角形接线和开口三角形接线。

1. Y_0/Y_0星形接线方式

由三个单相电压互感器或一个三相五柱式电压互感器构成星形接线方式。图 1-14 是由三个单相电压互感器构成的星形接线方式。电压互感器的一次侧始端分别接在电网相应的 A、B、C 相上，而终端都连在一起并接地。它们的二次绕组的三个终端连起来接地并引出接地线。三个始端分别引出 a、b、c 三相。

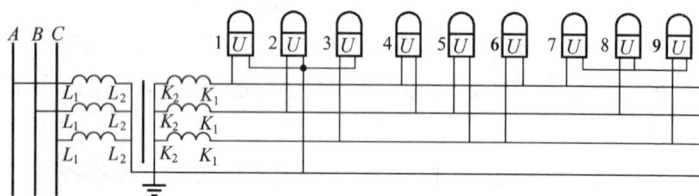

图 1-14　三个单相电压互感器的 Y_0/Y_0 星形接线

在图 1-14 中，若继电器线圈或电压表需接线电压，则应接在电压互感器二次侧的相间，如电压继电器 4、5、6；若需接相电压，则应接在电压互感器的相与地之间，如电压继电器 1、2、3；若电压继电器线圈需接相对系统中性点的相电压，则其接线如电压继电器 7、8、9。

因此，Y_0/Y_0星形接线方式电压互感器二次侧电压，在中性点直接接地系统中或在中性点非直接接地系统中，都能反应各种的正常电压和故障电压。

需指出的是，Y_0/Y_0接线方式不允许采用三相三柱式电压互感器来取得二次的线电压或相电压。其主要原因是，这种电压互感器不能构成零序磁通回路，当发生单相接地故障时，产生零序电压分量，零序励磁电流很大，有可能使绕组发热甚至烧毁。

2. V/V 不完全三角形接线方式

两个单相电压互感器接成 V/V 不完全三角形接线方式，如图 1-15 所示，它们分别接于相间电压 U_{AB} 和 U_{BC}，但其一次绕组不能接地，为安全起见，其 B 相的二次绕组接地，这种接线只能得到线电压（如电压继电器 1、2、3 的接线）和相对系统中性点的相电压（如电压继电器 4、5、6 的接线），而不能得到相对地的电压。

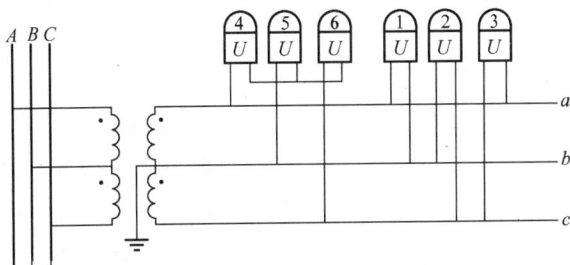

图 1-15　两个单相电压互感器的 V/V 不完全三角形接线

这种接线方式适用于中性点不接地或经消弧线圈接地的系统中。它的优点既可以节省一台单相电压互感器，又可减少系统中的对地励磁电流，避免产生过电压。

3. 开口三角形接线方式

为了取得零序电压，通常采用三个单相电压互感器（如图 1-16）或一个三相五

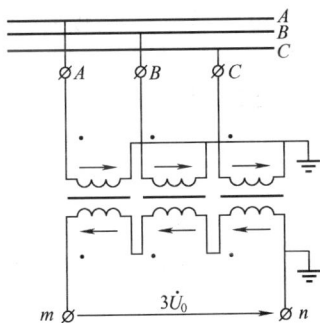

图 1-16　三个单相电压互感器接成开口三角形的接线

21

柱式电压互感器（如图 1-17）。将电压互感器的一次绕组接成星形并将中性点接地，辅助二次绕组接成开口三角形，将继电器线圈接在开口三角形 m、n 端子上。m、n 端子上的

电压与一次系统三倍零序电压成正比，即

$$\dot{U}_{mn} = \frac{3\dot{U}_0}{n_{YH}}$$

因此，这种接线又称零序电压滤过器。

在中性点非直接接地系统中，发生单相金属性接地短路时，开口电压 $U_{mn} = 100V$。在正常运行或发生三

图 1-17 三相五柱式电压互感器的开口三角形接线

相金属性短路时，开口电压 U_{mn} 在理论上应等于零，但实际上由于电压互感器有误差、一次系统中含有高次谐波电压及各相的负荷不平衡等原因，使电压互感器辅助二次绕组构成的零序电压（即开口电压）U_{mn} 并不等于零，其值一般在 1V 左右。

4. YDR 型电容式电压互感器

YDR 型电容式电压互感器（以下简称 YDR）在 110～220kV 输电线路上已得到广泛的应用，它主要的作用是将取自系统中的电压供给同期或无压检定重合闸以及载波通信、高频保护使用。它与电磁式电压互感器相比较，具有：可靠性高、故障机会少、价格低、有明显的经济效果等优点。

YDR 的原理接线如图 1-18 所示。

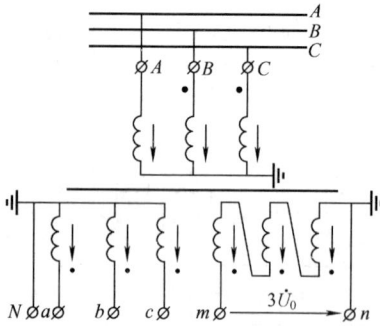

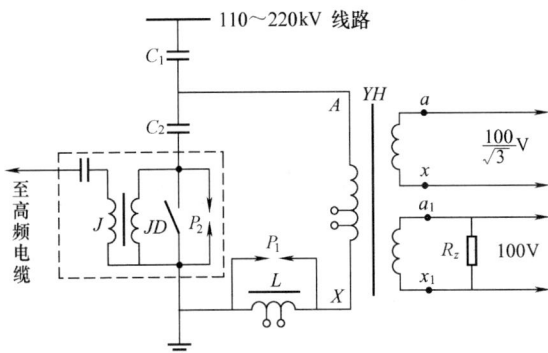

图 1-18　YDR 原理接线图

C_1—高压电容器；C_2—中压电容器；YH—中间电压互感器；L—谐振电抗器；P_1、P_2—过电压保护间隙；R_z—阻尼电阻；J—载波通信或高频保护用的结合滤波器；JD—接地刀闸（在此处工作时，为了安全应将 D 合上）

第八节　符　号　说　明

　　二次回路图中的图形符号、文字标号和回路标号都有国家的统一规定。其图形符号和文字标号用以表示和区别二次回路图中的各个电气设备，其回路标号用以区别电气设备间互相连接的各种回路。

　　在二次回路图中，所有断路器和继电器的触点，都按照它们在正常状态时的位置来表示。所谓正常位置是指断路器和继电器的线圈未通电时，它们的触点（对断路器系指其辅助触点）所处的状态。因此，通常说的常开触点是线圈未通电时断开，而通电时闭合的触点，常闭触点则相反。

一、图形符号

二次回路图中的图形符号应符合国家和部颁标准，也有些是习惯上沿用的老标准符号。其中常见的一些符号列于表1-1中。

表 1-1　　　　　二次接线图中常见的图形符号

序号	元 件 名 称	图 形 符 号
1	继电器的一般符号	 
2	信号继电器	
3	中间继电器	
4	瓦斯继电器	
5	差动继电器	
6	继电器、接触器、磁力起动器和操动机构的跳、合闸线圈	
7	双线圈继电器的电流线圈	
8	双线圈继电器的电压线圈	

序号	元 件 名 称	图 形 符 号
9	带时限的电磁继电器的缓吸线圈	
10	带时限继电器的缓放线圈	
11	继电器的动合（常开）触点	
12	继电器的动断（常闭）触点	
13	继电器的延时闭合的动合（常开）触点	
14	继电器的延时开启的动合（常开）触点	
15	继电器的延时闭合的动断（常闭）触点	
16	继电器的延时开启的动断（常闭）触点	
17	继电器的延时闭合的滑动触点	
18	继电器的动合（常开）保持触点	
19	继电器的动断（常闭）保持触点	
20	自动复归按钮的动合（常开）触点	

25

序号	元 件 名 称	图 形 符 号
21	自动复归按钮的动断（常闭）触点	
22	带闭锁装置的按钮的触点	
23	温度继电器的触点	
24	压力（气压或液压）继电器的触点	
25	断路器或隔离开关的动合（常开）辅助触点	
26	断路器或隔离开关的动断（常闭）辅助触点	
27	闸刀开关	
28	接触器或起动器的动合（常开）触点	
29	接触器或起动器的动断（常闭）触点	
30	带灭弧装置的动合（常开）触点	
31	带灭弧装置的动断（常闭）触点	
32	断路器	

序号	元 件 名 称	图 形 符 号
33	隔离开关	
34	自动空气断路器的动合（常开）触点	
35	熔断器	
36	火花保护间隙	
37	电阻	
38	可调电阻	
39	电位器	
40	蜂鸣器	
41	电笛	
42	仪表的电流线圈	
43	仪表的电压线圈	
44	电容器	

序号	元 件 名 称	图 形 符 号
45	电解电容器	
46	二极管	
47	p-n-p 型三极管	
48	n-p-n 型三极管	
49	电感线圈	
50	电流互感器	
51	电压互感器或中间变压器	
52	信号灯	
53	照明灯及光字牌灯	
54	蓄电池	
55	转换开关触点	
56	电铃	

序号	元 件 名 称	图 形 符 号
57	仪表的电流和电压的相乘线圈	
58	切换片	
59	连接片	

二、文字标号

二次回路图中的文字标号,一般采用汉语拼音字母来标注,数字符号采用阿拉伯字母。在以汉语拼音字母选作基本符号时,应先从名词中选出具有主要表征意义的一个或几个字,然后选用这个字的第一个拼音字母组成,例如,重合闸继电器文字标号为 ZCH,中间继电器的文字标号为 ZJ。

二次接线图中最常见的一些文字标号所代表的设备名称如下:

二次回路接线图中最常见的文字标号

DL—断路器及其辅助触点	YJJ—电压监视中间继电器
G—隔离开关及其辅助触点	A—电流表
LH—电流互感器	V—电压表
YH—电压互感器	W—有功功率表
HC—合闸接触器	war—无功功率表
HQ—合闸线圈	Hz—频率表
TQ—跳闸线圈	S—整步表
LJ—电流继电器	Wh—有功千瓦时表
YJ—电压继电器	varh—无功千乏时表
SJ—时间继电器	KK—控制开关
CJ—差动继电器	ZK—转换开关

CJ—功率继电器

XJ—信号继电器

RJ—热继电器

WJ—温度继电器

WSJ—瓦斯继电器

ZCH—重合闸装置

BCJ—保护出口继电器

ZJ—中间继电器

HWJ—合闸位置继电器

TWJ—跳闸位置继电器

HJ—合闸继电器

TJ—跳闸继电器

TJJ—同步检查继电器

XJ—信号继电器

XMJ—信号脉冲继电器（冲击继电器）

JJ—监察继电器

SXJ—事故信号中间继电器

YXJ—预告信号中间继电器

BSJ—闭锁继电器

JSJ—加速继电器

ZXJ—指挥信号中间继电器

XKJ—选控继电器

XCJ—选测继电器

FJ—复归继电器

ZZJ—重复中间继电器

XZJ—信号中间继电器

XJJ—信号监察继电器

TBJ—跳跃闭锁继电器

KM—控制回路电源小母线

RKM—弱电控制回路电源小母线

XM—信号回路电源小母线

RXM—弱电信号回路电源小母线

TK—同期转换开关

STK—手动同期转换开关

CK—测量转换开关

XK—信号转换开关

DK—刀开关

MK—灭磁开关

LK—联动开关

XWK—限位开关

XD—信号灯

LD—绿色信号灯

HD—红色信号灯

BD—白色信号灯

GP—光字牌

WS—位置指示器

FM—蜂鸣器

DD—电笛

JL—警铃

HA—合闸按钮

TA—跳闸按钮

FA—复归按钮

ZXA—指挥信号按钮

YJA—中央音响信号解除按钮

YA—试验按钮

SA—事故按钮

QA—起动按钮

RD—熔断器

JRD—击穿保险器

RRD—弱电熔断器（热线轴）

ZM—转角变压器小母线

XDC—蓄电池

Z—整流器

R—电阻

表 1-2

直 流 回 路 的 回 路 标 号 组

回 路 名 称	数 字 标 号 组			
	一	二	三	四
正电源回路	1	101	201	301
负电源回路	2	102	202	302
合闸回路	3～31	103～131	203～231	303～331
绿灯或合闸回路监视继电器回路①	5	105	205	305
跳闸回路	33～49	133～149	233～249	333～349
红灯或跳闸回路监视继电器回路①	35	135	235	335
备用电源自动合闸回路②	50～69	150～169	250～269	350～369
开关设备的位置信号回路	70～89	170～189	270～289	370～389
事故跳闸音响信号回路	90～99	190～199	290～299	390～399
保护回路	01～099（或 $J_1～J_{99}$）			
发电机励磁回路	601～699			
信号及其它回路	701～999			

① 对接于断路器控制回路内的红灯红和绿灯绿回路,如直接由控制回路电源引接时,该回路可标注与控制回路电源相同的标号。

② 在没有备用电源自动投入安装单位的接线图中,标号 50～69 可作为其它回路的标号,但当回路标号不够用时,可以向后递增。

31

表 1-3　交 流 回 路 的 回 路 标 号 组

回 路 名 称	互感器的文字符号及电压等级	回路标号组				
		A 相	B 相	C 相	中性线	零 序
保护装置及测量表计的电流回路	LH	A401~A409	B401~B409	C401~C409	N401~N409	L401~L409
	1LH	A411~A419	B411~B419	C411~C419	N411~N419	L411~L419
	2LH	A421~A429	B421~B429	C421~C429	N421~N429	L421~L429
	9LH	A491~A499	B491~B499	C491~C499	N491~N499	L491~L499
	10LH	A501~A509	B501~B509	C501~C509	N501~N509	L501~L509
	19LH	A591~A599	B591~B599	C591~C599	N591~N599	L591~L599
保护装置及测量表计的电压回路	YH	A601~A609	B601~B609	C601~C609	N601~N609	L601~L609
	1YH	A611~A619	B611~B619	C611~C619	N611~N619	L611~L619
	2YH	A621~A629	B621~B629	C621~C629	N621~N629	L621~L629

回 路 名 称	互感器的文字符号及电压等级	回 路 标 号 组				
		A 相	B 相	C 相	中性线	零 序
在隔离开关辅助触点和隔离开关位置继电器触点后的电压回路	110kV	A(B,C,N,L,X)710~719				
	220kV	A(B,C,N,L,X)720~729				
	35kV	A(B,C,N,L)730~739				
	6~10kV	A(B,C,N,L)760~769				
绝缘监察电表的公用回路		A700	B700	C700	N700	
母线差动保护公用的电流回路	110kV	A310	B310	C310	N310	
	220kV	A320	B320	C320	N320	
	35kV	A330		C330	N330	
	6~10kV	A360		C360	N360	
控制、保护、信号回路		A1~A399	B1~B399	C1~C399	N1~N399	

表 1-4 　　　　　　　　　　　　小 母 线 的 文 字 标 号 组

小　母　线　名　称		文　字　符　号		
直流控制和信号的电源及辅助小母线				
控制回路电源小母线		+KM	-KM	
信号回路电源小母线		+XM	-XM	
事故声响信号小母线	用于不发遥远信号者		SYM	
	用于直流屏		1SYM	
	用于配电装置		2SYM	
	用于发遥远信号者		3SYM	
预告信号小母线	用于配电装置（瞬时动作信号）		YBM	
	瞬时动作的信号	1YBM		2YBM
	延时动作的信号	3YBM		4YBM
	用于直流屏（延时动作信号）	5YBM		6YBM
控制回路断线预告信号小母线		KDM_1	KDM_{11}	KDM_{111}
灯光信号小母线			(-)XM	
配电装置内的信号小母线			XPM	
闪光信号小母线			(+)SM	

34

续表

小母线名称	文字符号					
合闸小母线	+HM					−HM
"掉牌未复归"光字牌小母线	FM					PW
指挥装置的音响小母线			ZYM			
自动调整频率的脉冲小母线	1TZM					2TZM
同期装置越前时间的整定小母线	1TQM					2TQM
同期装置发出合闸脉冲的小母线	1THM		2THM			3THM
隔离开关操作闭锁小母线			GBM			
旁路闭锁小母线	1PBM					2PBM
厂用电辅助信号小母线	+CFM					−CFM
母线设备辅助信号小母线	+MFM					−MFM
交流电压、同期和电源小母线						
同期小母线（待并系统）	TQM_a	TQM_b	TQM_c			TQM_c
同期小母线（运行系统）	TQM_a	TQM_b	TQM_c			TQM_c
公共的 B 相电压小母线		YM_b				
第一组母线系统或奇数母线段的电压小母线	$1YM_a$		$1YM_c$	$1YM_N$	$1YM_L$	$1YM_x$
第二组母线系统或偶数母线段的电压小母线	$2YM_a$		$2YM_c$	$2YM_N$	$2YM_L$	$2YM_x$
转角变压器的辅助小母线	ZM_a		ZM_c			ZM_c
电源小母线	DYM_a		DYM_c			DYM_c
发电机电压备用母线的电压小母线	$9YM_a$		$9YM_c$			$9YM_c$
低压保护小母线	1DBM		2DBM			3DBM
母线切换小母线（用于旁路母线电压切换）		YQM				

SYM—事故音响信号小母线　　　　R_f—附加电阻

YBM—预告信号小母线　　　　　　C—电容

（＋）SM—闪光信号小母线　　　　L—电感

HM—合闸电源小母线　　　　　　D—二极管

FM—辅助小母线　　　　　　　BG—晶体三极管

PM—"掉牌未复归"光字牌小　　DS—电磁锁

　　母线　　　　　　　　　　　LP—连接片

ZYM—指挥装置音响小母线　　　QP—切换片

THM—同期合闸小母线　　　弱电回路的符号是在一般符号前加一个

TQM—同期电压小母线　　　"R"

三、回路标号

二次回路图中的各个电气设备，都按设计要求进行连接。为了区别这些连接回路的功能和便于正确地连接，则按"等电位"的原则进行回路标号，即在回路中连于一点（即等电位）上的所有导线都标以相同的回路标号。因此，由电气设备的线圈、电阻、电容等元（部）件所间隔的线段都视为不同的回路标号。同时，回路标号也为区分回路功能（如直流回路、交流回路等）带来很大方便。

回路标号一般由三位或三位以下的数字组成。当需要标明回路的相别或某些主要特征（例如控制回路电源小母线等）时，可在数字标号前面或后面增注字母标号，例如A411，B411，C411等。

回路标号按照它们的功能，可以分成直流回路，交流回路、各种直流小母线三个部分。

（1）直流回路的标号，见表1-2。

（2）交流回路的标号，见表1-3。

（3）直流小母线标号，见表1-4。

（4）在控制和信号回路中的一些辅助小母线和交流电压小母线，除文字符号外，还给予固定的数字标号，常见小母线的固定标号如表 1-5 所示。

表 1-5　　　　常见小母线的固定编号

小母线符号	数字标号	小母线符号	数字标号
直流电源辅助小母线		交流电压及同期小母线	
（＋）SM	100	$3THM$	723
SYM	708	$1YM_a$	A630
$1SYM$	728	$1YM_c$	C630
$2SYM$	727	$1YM_N$	N630
$3SYM$	808	$1YM_L$	L630
$1YBM$	709	$2YM_a$	A640
$2YBM$	710	$2YM_c$	C640
$3YBM$	711	$2YM_N$	N640
$4YBM$	712	$2YM_L$	L640
FM	703	YM_b	B600
PM	716	TQM_a	A610
GBM	880	TQM_c	C610
$1PBM$	881	TQM'_a	A620
$2PBM$	900	TQM'_c	A620
$1THM$	721	ZM_a	A790
$2THM$	722	ZM_c	C790

第二章 测量仪表回路图

用于电气测量的仪表种类很多。通常按其工作原理可分为磁电式、电磁式、电动式、感应式等仪表。按其测量对象可分为电流表、电压表、功率表、千瓦时表、频率表、功率因数表等。

第一节 电流表回路图

在交流 380V 及以下的电路中，被测量电路中负荷电流在电流表量程允许范围以内，电流表可以直接接于电路中。电路中负荷电流超过电流表的量程允许量值，要配用电流互感器以扩大量程。这时电流表反映的实际电路中的电流等于指示电流数乘以电流互感器的变比倍数。在电路中，负荷电流不超过电流表的量程，不管是三线制或四线制，只要电流是对称的，使用一只电流表串接在任意一相火线中就行；如果电路中三相电流不对称，就要采用三只电流表，分别串接于 A、B、C 三相火线中，指示各相的线电流。图 2-1 为交流电流测量回路接线图。

如果电路中的电流超过电流表量程所允许的负荷电流，或电流虽不超过，但电压较高，都要配用合适的电流互感器和电流表。前一种情况是为了扩大量程；后一种情况是为了隔离高电压，因为不允许将高电压引入电流表。应该注意的是：电流互感器在带电运行状态下，它的二次绕组不允许开路；任何时候，当断开测量电路之前，一定要先把电流互感

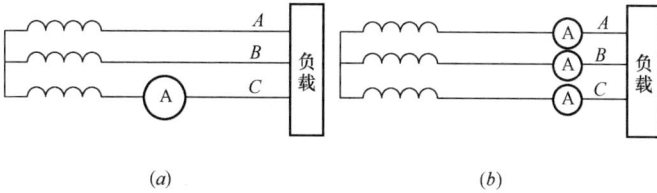

图 2-1　交流电流测量回路接线图

(a) 三相电流对称回路；(b) 三相电流不对称回路

器二次绕组两端短接好；电流互感器二次侧也不允许使用熔断器进行"保护"。图 2-2 为间接测量接线图。其中，图 (a) 三相电流对称，采用一只电流表测量；图 (b) 三相电流不对称，采用三只电流表测量；图 (c) 用两只电流互感器三只电流表测量，它比图 (b) 节约一只电流互感器，但两只互感器的极性有明显的标志，必须按要求接线，否则若互感器的二次绕组极性接错，有可能使两二次电流互相抵销，其相量之和将近似等于零。

　　前面谈到，在 380V 三相交流电路中，如果电路中最大负荷电流不超过电流表所允许的量程，则可以用将电流表直接串入电路的方法进行监视。但在电压较高的系统中，即使电路中的最大负荷电流不超过电流表所允许的测量范围，也要采用套装电流互感器的措施，以隔离一次侧的高电压。不论电力系统中电压等级高到什么程度，电流表的耐压标准都是 2kV，1min（分钟）。因此，在高压电路中，只要用电流表进行负荷监视的，没有不采用电流互感器的。

　　下面介绍 6～10kV、35kV 及其以上电压等级的电流表回路。

　　在 6～10kV 配电线路中，为了提高供电的可靠性，多

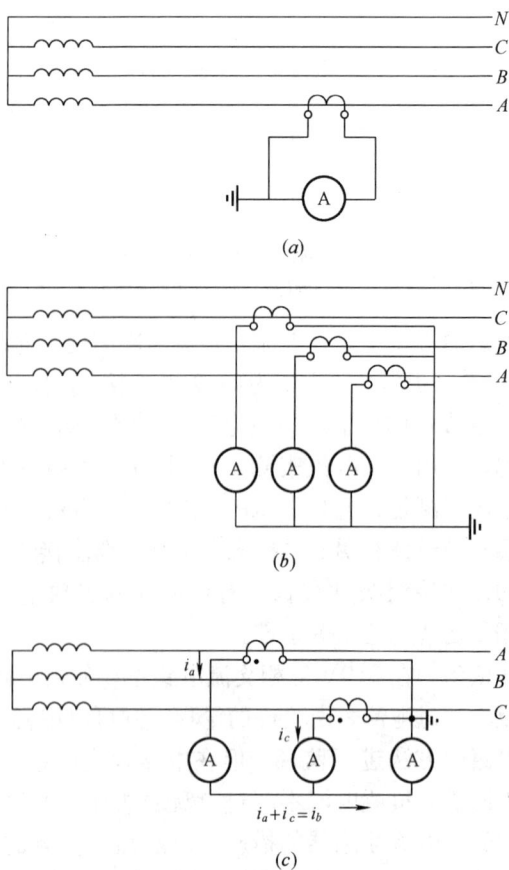

图 2-2　间接测量接线图

(a) 三相电流对称，用一只电流表测量；(b) 三相电流不对称，
用三只电流表测量；(c) 用两只电流互感器三只电流表测量

数采用两相保护，也就是用两只电流互感器。当三相电流基
本对称时，可以用一只电流表。这种电流互感器二次侧有两

组绕组。一组是专用于保护；另一组是专用于测量仪表，包括计量及指示性电流表。图 2-3 所示的是 6～10kV 线路测量回路。

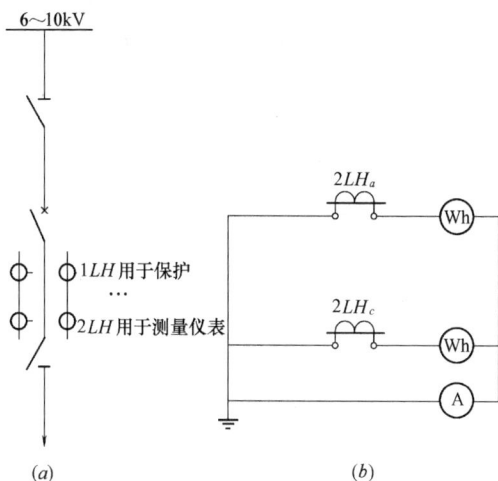

图 2-3 6～10kV 线路测量回路
(a) 一次接线；(b) 测量及仪表回路

在 110kV 及以上的电力系统中，变压器中性点一般采用接地运行方式，因此在设计时通常采用三相保护。

下面介绍直流回路的测量：

通常，测量交流电路中电流是用电磁式仪表，而测量直流电路中的电流和电压采用的是磁电式仪表。磁电式仪表主要由固定的磁铁和可动的线圈组成。对于直流回路，如果电路中电流很小，就可以用一只量程允许的电流表直接串接在电路中。在实际工程中，也有电流为几十到几千安培的电路，这样的电流大大超过电流表转动部分所能承受的电流。

这时，就必须采用一个分流器或分流电阻和表头并联，然后再串接到电路中去。分流器或分流电阻将通过大量的电流，只有一小部分电流通过表头，下面举例说明。

【例 2-1】 在图 2-4 中，假设有一磁电式表头，它的内阻 $R_n = 18\Omega$，电流表的最大额定电流 $I_{max} = 5$mA，分流电阻 $R_{fl} = 2\Omega$，这时这只电流表的最大额定电流（量程）是多少?

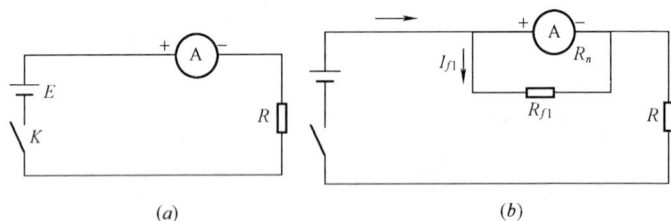

图 2-4 直流电流的测量

(a) 直流电流测量；(b) 并分流器后直流电流的测量

解 因为 R_n 与 R_{fl} 是并联的，当表头指示 5mA 时，则

$$I_{fl} = \frac{I_{max}R_n}{R_{fl}} = \frac{5 \times 18}{2} = 45(\text{mA})$$

这时电流表的最大量程为

$$I'_{max} = I_{max} + I_{fl} = 5 + 45 = 50(\text{mA})$$

由此可见，一个量程只有 5mA 的表头，并了分流电阻后，还是这个表，它的量程一下扩大 10 倍。

通过这个例子，我们可以想到分流器与电流互感器的作用有相似之处，但它们的工作原理有根本的区别。

对于直流电流表应注意的是：

直流电流表表头上有两个接线柱，标有"＋"和"－"，电流要从"＋"端流入，从"－"端流出，不能接反。否则指针将有反指示，不能测量。选择表的量程要略大于被测量。按表盘上的要求放置表头，表盘上标"↑"符号，要求仪表表头垂直放置；标"一"符号，要求表头水平放置。

第二节　电压表回路图

一、直流电压的测量

磁电式的表头也可以用来测量电压。因为表头的内阻是固定的。当表头的两端加以不同的电压时，就有不同的电流通过线圈，因而产生不同的偏转。如果内阻很低，只能测量低电压。为了能使它测量较高的电压，据串联电阻降压的原理，我们选用一个较大的电阻与表头串联。这个电阻我们也可以称它为分压电阻，就解决了大量程直流电压表的问题。

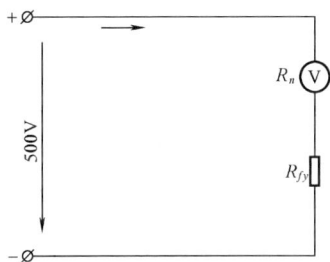

现举两例说明：

【例 2-2】 以图 2-5 为例，磁电式表头内阻 R_n = 50Ω，额定偏满电流 I_{max} = 0.001A，要用它测量 0 ~ 500V 的电压，要配分压电阻是多大？

解 需最大量程电压 U_{max} = 500V

通过表头的电流只能是 I_{max} = 0.001A

据欧姆定律

$$R - \frac{U_{max}}{I_{max}}$$

图 2-5　扩大电压表量程的接线图

$$R_{\Sigma} = R_n + R_{fy} = \frac{U}{I} = \frac{500}{0.001} = 5 \times 10^5 (\Omega)$$

所以 $\quad R_{fy} = R_{\Sigma} - R_n = 500000 - 50 = 499950 (\Omega)$

【例 2-3】 图 2-6 是多量程电压表接线图，所需表头参数同〔例 2-2〕，试求三个分压电阻是多少？

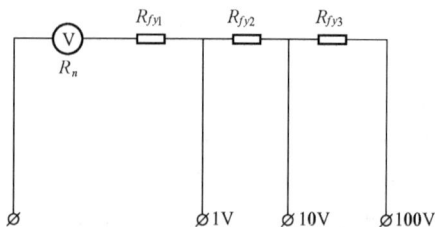

图 2-6　多量程电压表接线图

解　请仿照〔例 2-2〕自己试解。

二、交流电压的测量

在交流低压 500V 以下的配电系统中，电压表通常可以满足测量电压的要求，所以一般都直接跨接在两相之间，以测量线电压。在实际设计中，为节约起见多采用一只表，配用一个切换开关，对三相进行切换检查。当电压超过 500V，在较高的电压等级中，电压表远远达不到系统电压的耐压水平，需采用降压隔离的办法，即使用电压互感器，以满足测量的需要。在设计和制做时，使电压互感器的二次出口电压为 100V，这样就可以用于计量、指示性仪表、保护等，见图 2-7。

图 2-7 接线图中共用四只电压表，V_{ac} 接于 $1YM_a$，$1YM_c$ 之间，它指示的是线电压，V_a、V_b、V_c 分别接于相、零线之间，它们指示的是相电压。在中性点不接地系统中，

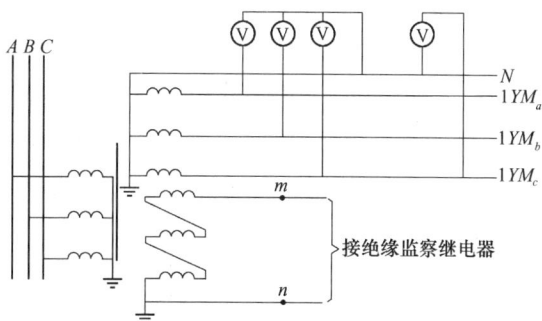

图 2-7 交流电压表的接线图

当高压一相接地时，接地相的电压为零，其它两相的相电压升高为线电压。同时由于电压中性点的位移，电压互感器开口三角绕组两端将出现不平衡电压，电压监视信号继电器 *XJJ* 起动，报出相应的信号。

总结以上情况，在低压交流电路中，根据接线不同，电压表可以测量相电压、线电压；在较高电压的交流电路中，配合电压互感器，采用不同的接线方式，同样可以用电压表测量相电压、线电压，并对中性点不接地系统进行绝缘监视。

第三节 千瓦（乏）时表回路图

测量交流电力系统中电能的生产与消耗的表计是千瓦时表（原称电度表）。

千瓦时表分为单相的、三相四线制的、三相三线制的三种。后两种又分为有功千瓦时表和无功千乏时表。有功的单位是 kW（千瓦），无功的单位是 kvar（千乏）。

一、直读单相千瓦时表回路

现在采用的单相千瓦时表中，以图 2-8、图 2-9 接线的应用比较广泛。在千瓦时表的接线图上，电流、电压线圈标有黑点的一端，应与电源端的火线连接。当负荷电流 I 和流经电压线圈的电流 I_U 都由黑点这端流入相应的线圈时，千瓦时表才能正转。

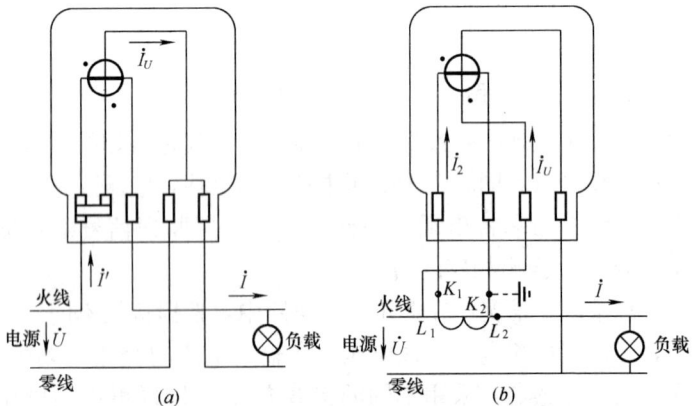

图 2-8　单相千瓦时表接线回路之一

(a) 直接接入；(b) 配合电流互感器接入

图 2-8（a）单相千瓦时表的读数直接反映千瓦时数。

图 2-8（b）单相千瓦时表的读数乘以电流互感器的变比就是千瓦时表的实际千瓦时数。

如果你拿到一块单相千瓦时表，要弄清它究竟采用的是哪种接线，这首先要看它的说明书和回路接线图。如果没有说明书，内部接线又说不清时，可以用万用表的电阻档进行判断。具体方法是：先找出四个接线端子，其中有一个端子

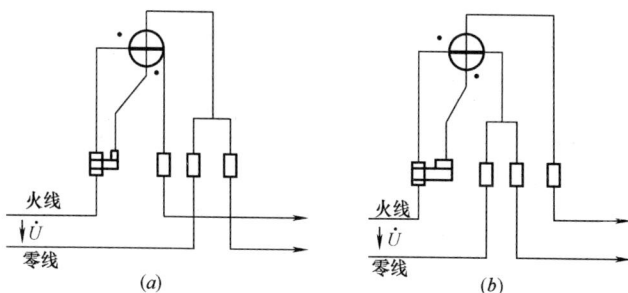

图 2-9　单相千瓦时表接线回路之二

（*a*）跳入式接法；（*b*）顺入式接法

是通过小挂钩与一个小端子连接的，这个端子就是电流火线进入千瓦时表的端子，也是电流、电压线圈的公用端子。然后，将此端子轮流与另外三个端子用万用表进行测量，其中肯定有一个端子和第一个端子进行测量时阻值最小，则这个端子就是电流线圈的出线端子。其余两个为零线的一进、一出端子。

二、三相四线有功千瓦时表回路

三相四线有功千瓦时表的接线图，如图 2-10 所示。从图 2-10 看出，它是由三个单相千瓦时表组合成的。它的平均功率等于各相有功功率的总和，即

$$P = P_A + P_B + P_C$$

$$= U_A \cdot I_A \cos\varphi_A + U_B \cdot I_B \cos\varphi_B + U_C \cdot I_C \cos\varphi_C$$

如果没有三相四线有功千瓦时表，也可以用三只同型号、同容量的单相千瓦时表，按图 2-11 的方法接线，同样可以测量三相四线电路中的有功电量。

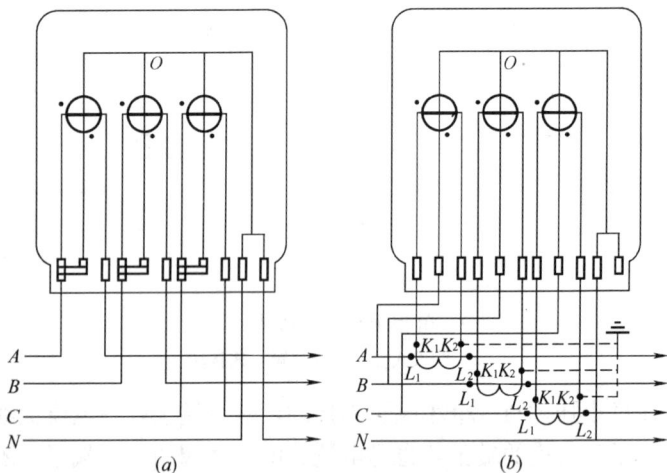

图 2-10 三相四线制接线图

(a) 直接接入式；(b) 配合电流互感器接入

三、三相三线有功千瓦时表回路

在三相四线制电路中，去掉零线便是三相三线电路。用合适的额定电压的三元件三相四线有功千瓦时表，可以准确地测量三相三线电路中有功电量。但这种表结构复杂、价格又高，所以，在三相三线电路中，测量有功电量均采用三相两元件千瓦时表。图 2-12 所示的是三相三线有功千瓦时表接线图。

四、无功千乏时表回路

无功电能在电力系统中占有重要的地位。在电网中，没有无功不行，无功过多也不行。因为具有额定容量的发电机、变压器和输电线路，发出和输送的视在功率是一个常

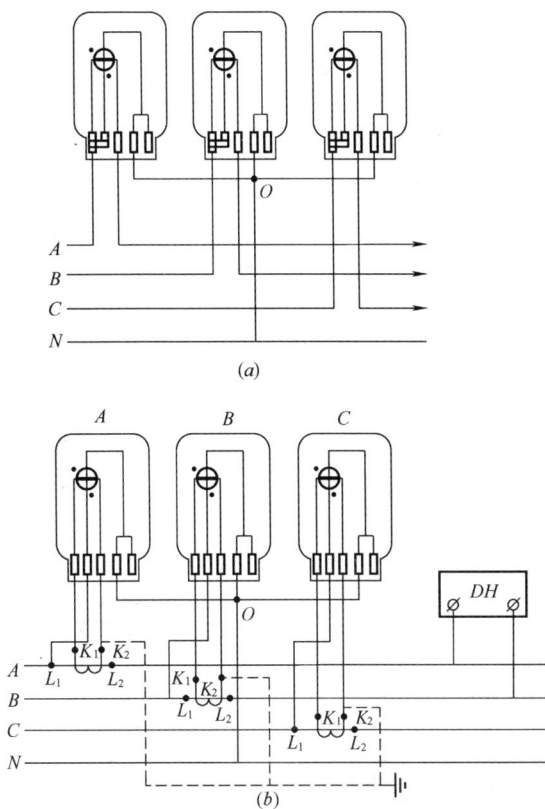

图 2-11　用三只单相千瓦时表测量三相四线制电路中有功
电量接线图

（a）直接接入；（b）配用电流互感器接入

数，即 $S=\sqrt{P^2+Q^2}$。若无功功率 Q 增大，则有功功率 P
就要变小。无功功率还会增大输电线路的电压损耗，使用电
设备因电压过低而不能正常运行。当运行电压比额定电压降

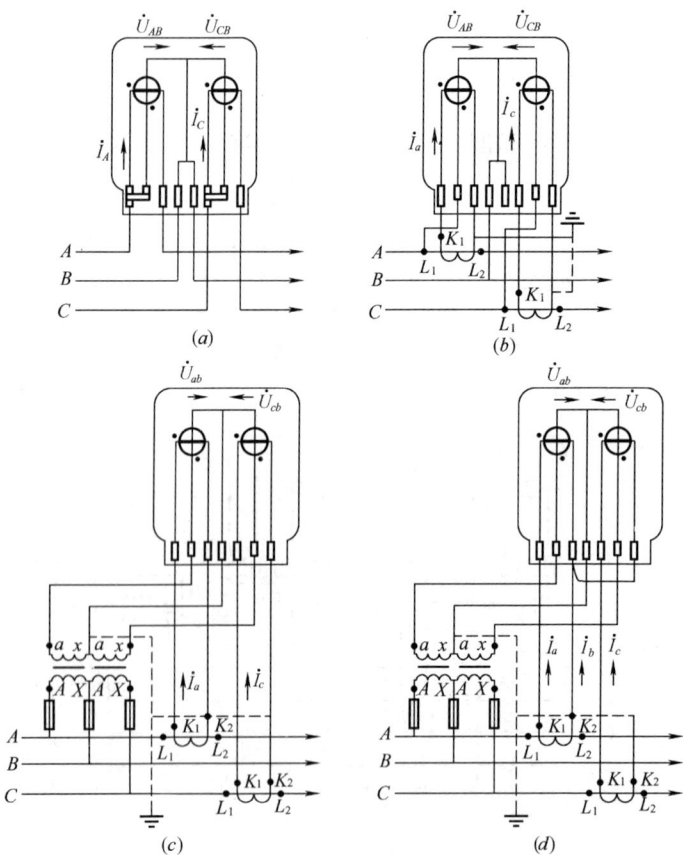

图 2-12 三相三线有功千瓦时表接线图

(a) 直接接入；(b) 配用电流互感器接入；

(c)、(d) 配用电流、电压互感器接入

低 10% 时，白炽灯泡的照明度将减少 30%，感应电动机的转矩约减少 19%，其效率相应降低。另外，从输电线路的

有功损耗公式 $\Delta P = I^2 \cdot R = \dfrac{S^2}{U^2} \cdot R = \left(\dfrac{P^2}{U^2} + \dfrac{Q^2}{U^2}\right) R$ 中得出，

无功功率还会在等值交流电阻为 R 的线路中引起有功损耗，

其值为 $\dfrac{Q^2}{U^2} = R$。所以无功电能的测量，在电力生产、输送和

消耗过程中都是必要的。我们知道，$\cos\varphi$ 叫做功率因数，

其中 φ 为电路中总电压与总电流之间的相位角差。$\cos\varphi$ 的

数值小于 1，只有在纯电阻性负载中 $\cos\varphi = 1$，此时 $P =$

$UI\cos\varphi = UI$。

平均功率因数，用 $\cos\varphi_p$ 代表，其计算公式为：

$$\cos\varphi_p = \frac{P}{S} = \frac{P}{\sqrt{P^2 + Q^2}} = \frac{1}{\sqrt{1 + \mathrm{tg}^2 \varphi_p}}$$

其中 $\mathrm{tg}\varphi_p = \dfrac{Q}{P}$ 或 $\mathrm{tg}\varphi_p = \dfrac{W_Q}{W_P}$

式中　　S——视在功率（kVA）；

　　　　P——有功功率（kW）；

　　　　Q——无功功率（kvar）；

　　　W_Q——月抄见无功电量（kvarh）；

　　　W_P——月抄见有功电量（kWh）。

由无功千乏时表测得的无功电量 W_Q 与有功千瓦时表测得的

有功电量 W_P 之比值，从三角函数表中查到 $\mathrm{tg}\varphi_P$ 的值，再

由 φ_P 即可查得 $\cos\varphi_P$。由前述可知，无功电能损耗过大时，

应该采用一些措施改善功率因数。如无功功率生产不足时，

就会引起电压的降低，用电设备也不正常运行。

下面介绍几种无功千乏时表的接线图，这种接线不会

引起线路附加误差。图 2-13 为单相正弦无功千乏时表的

接线。

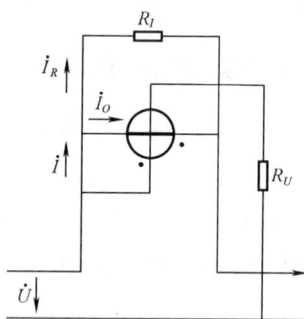

图 2-13 单相正弦无功
千乏时表的接线

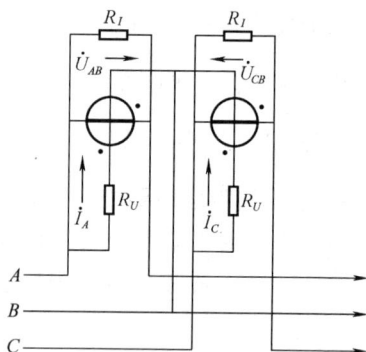

图 2-14 三相两元件正弦
无功千乏时表的接线

对三相三线制电路无功的测量，采用三相两元件正弦无功千乏时表的接线。见图 2-14。

在三相三线制电路内采用 DX₅ 型测量无功电能，而在三相四线制电路中却不能采用。图 2-15 为内相角为 60°的三

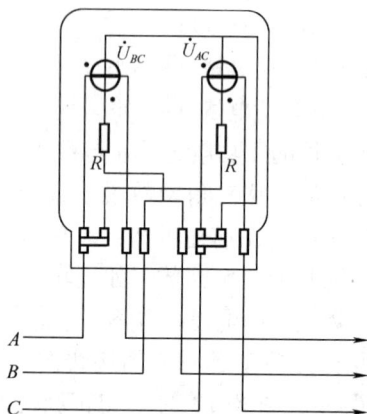

图 2-15 内相角为 60°的三相三线无功千乏时表的接线

相三线无功千乏时表接线。

三相三元件无功千乏时表接线，见图2-16。

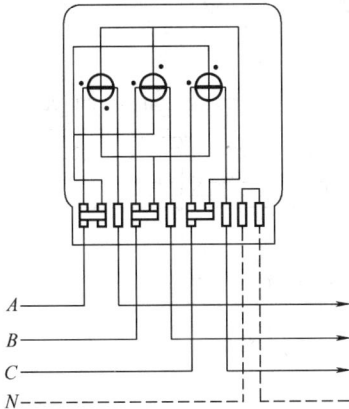

图2-16　三相三元件无功千乏时表的接线

五、三相有功千瓦时表和无功千乏时表的联合接线

在三相交流电路中，如果有功和无功功率都向同一方向输送，应当用一只三相三线有功千瓦时表和一只三相三线无功千乏时表，经配用电压互感器和电流互感器进行测量。如果有功和无功功率的输送方向可能改变，则应采用两只三相三线有功千瓦时表和两只三相三线无功千乏时表，配用电流互感器和电压互感器按图2-17进行联合接线。其中，每只表都带有防倒装置，以防止当改变输送功率方向时转盘反转，同时还需要使接入表的电压、电流线路确保转盘始终沿着其铭牌所标示的方向转动。在接线图的上方标的箭头方向，表示只能测得与箭头方向相同的有功和无功电能。

从以上各种千瓦（千乏）时表的接线情况可以归纳如下两种类型：

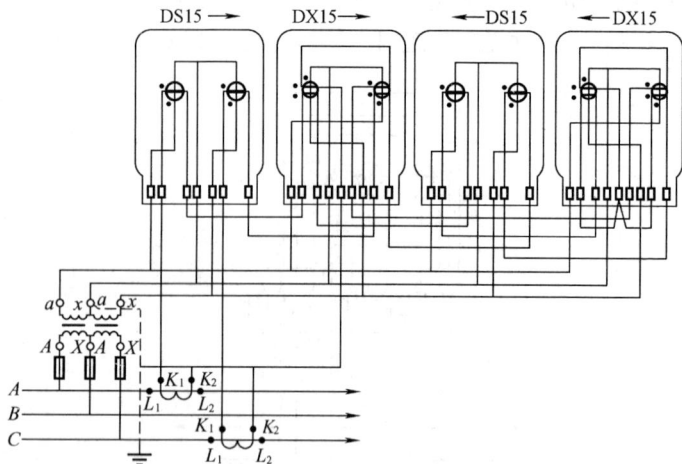

图 2-17 三相互馈电路中带有逆止器的两只有功
千瓦时表和两只无功千乏时表的联合接线

（1）在交流电网中，不论是在低压配电网中还是在高压配电网中，只要电路中负荷电流超过千瓦时表的负载能力，都要配用电流互感器，但在高压配电网中，还要配用电压互感器隔离高电压。此种接线称为间接测量法；

（2）在低压配电网中，只要千瓦时表具有满足电路中负荷电流的能力，都可以安装直通表，也就是既不用电流互感器也不用电压互感器。此种接线称为直接测量法。

无论是在联合接线还是在单独接线中，使用千瓦（千乏）时表应注意以下有关问题：

1）电力线路中的功率输送方向改变后，有功千瓦时表和无功千乏时表都会反转。如果有功功率的输送方向没变，有功千瓦时表反转，即可断定有功千瓦时表的接线有错误。

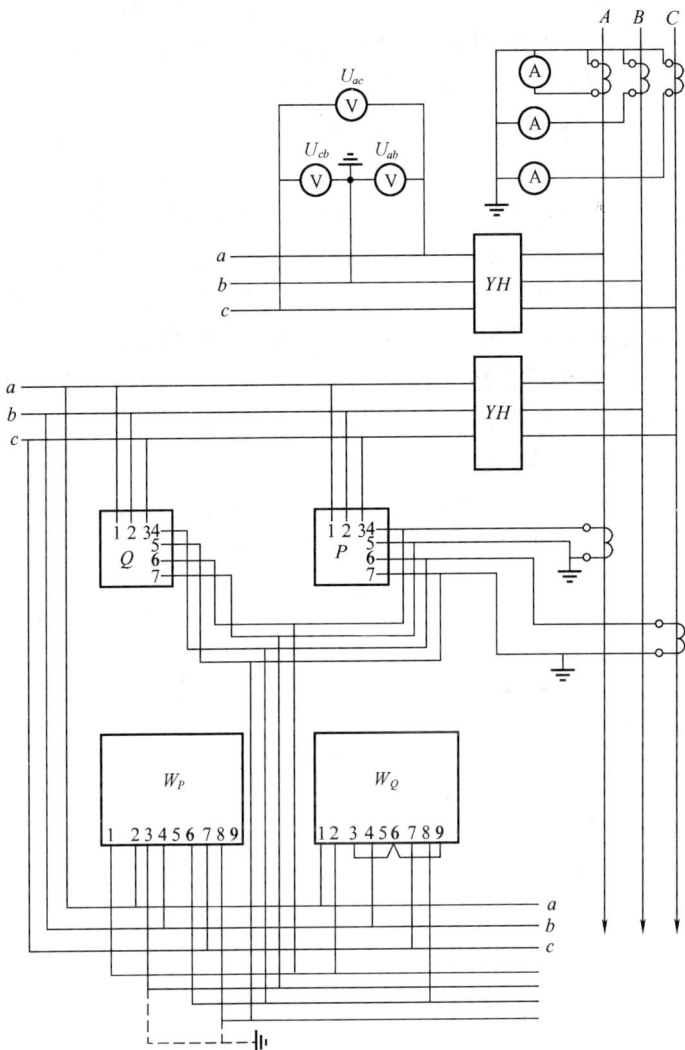

图 2-18 测量仪表综合回路示意图

在同一三相交流电路中，有功和无功功率的输送方向不一定每时每刻都相同，因此有功千瓦时表的转动方向就不一定和无功千乏时表的转动方向随时相同。

2）三相电压和三相电流的相序同时改变，或者负载性质发生变化，三相有功千瓦时表仍然正转，但三相无功千乏时表因驱动力矩的方向改变，却要改变转动方向。因此，如果负载的性质、无功功率的输送方向和三相电压、电流的相序一定，无功千乏时表反转，说明它的接线是错的。三相有功千瓦时表和无功千乏时表通常都按正相序接线。

3）如果负载性质是变化的，则单相和三相有功千瓦时表都应先后在感性和容性两种负荷情况下进行校验。但无功千乏时表就没有必要这样做。

4）没有线路附加误差的有功千瓦时表，才能用于测量发电厂、厂用电量和售电量；带有线路附加误差的有功千瓦时表以及要求三相电压和电流都对称才能正确测量电能的有功千瓦时表或无功千乏时表，只宜用来测量对称负载所消耗的有功和无功电能，而且测得的电能仅供企业内部作为技术考核用。

第三章　控制回路图及
中央信号回路图

发电厂及变电所中电气设备（如发电机、变压器等）的投入与停用，一般由值班人员在控制室内操作手把，由一定的逻辑回路作用于断路器的合闸或跳闸线圈来完成。因此，控制回路也称操作回路。随着电压等级的升高和设备复杂程度的增加，其控制回路也由简单变得复杂。

信号回路按提供信号的性能分为灯光信号和音响信号回路两种；按信号功能分又有位置信号、事故信号和指挥信号等。

第一节　常用的 LW_2 系列转换开关

在控制、信号、监视回路中，常用 LW_2 系列的转换开关做为操作手把，一般用"KK"符号表示，意指控制开关。目前，在 LW_2 系列中又以 LW_2-Z-1a. 4. 6a. 40. 20. 20/F8 型转换开关用的最多，为了安装、维护检验方便，把某几对触点固定在一定回路中使用，如在合闸回路中通常用"5、8"触点；在跳闸回路中常用"6、7"触点；在事故信号回路中常用"1、3"触点和"17、19"触点等。有这样固定使用的触点，便于记忆、方便维护、检修和运行。现将常用的 4 种 LW_2 系列转换开关的触点图解示于表 3-1～3-4中。在图中"×"表示触点接通，"－"表示触点断开。

表 3-1　　LW₂-1a. 4. 6a. 40. 20. 20/F8 型控制开关接线图解

在跳闸后位置的手把（正面）的样式和触点盒（背面）接线	合跳	○1 2 / 4 3○	○5 ┌6○ 8○ ┘7○	○9 10 12○ 11○	○13 14 16 15	○17 18 20 19	○21 22 23 24
手把和触点盒的型式	F8	1a	4	6a	40	20	20
位置 ＼ 触点号	—	1-3	2-4	5-8	6-7	9-10	9-12	10-11	13-14	14-15	13-16	17-19	18-20	17-20	21-23	21-22	22-24

位置	F8	1-3	2-4	5-8	6-7	9-10	9-12	10-11	13-14	14-15	13-16	17-19	18-20	17-20	21-23	21-22	22-24
跳闸后	▭■	−	×	−	−	−	×	−	−	×	−	−	×	−	−	−	×
预备合闸	▯	×	−	−	−	×	−	−	×	−	−	−	−	−	−	×	−
合闸	◪	−	−	×	−	−	−	−	−	−	×	×	−	−	×	−	−
合闸后	▯	×	−	−	−	×	−	−	−	−	×	×	−	−	×	−	−
预备跳闸	▭■	−	×	−	−	−	×	×	−	−	−	−	−	−	−	×	−
跳闸	◪	−	−	−	×	−	−	×	−	×	−	−	×	−	−	−	×

表 3-2　　LW₂-Z-1a. 4. 4. 6a. 40. 20/F8 型控制开关接线图解

在跳闸后位置的手把（正面）的样式和触头盒（背面）接线	合跳	○1 2 / 4 3○	○5 ┌6○ ○8 ┘7○	○9 10 12 11○	○13 14 16 15	○17 18 20 19	○21 22 24 23
手把和触头盒的型式	F8	1a	4	4	6a	40	20
位置 ＼ 触点号	—	1-3	2-4	5-8	6-7	9-12	10-11	13-14	13-16	14-15	17-18	18-19	17-20	21-23	21-22	22-24

位置	F8	1-3	2-4	5-8	6-7	9-12	10-11	13-14	13-16	14-15	17-18	18-19	17-20	21-23	21-22	22-24
跳闸后	▭■	−	×	−	−	−	−	−	×	−	×	−	−	−	−	×
预备合闸	▯	×	−	−	−	−	−	×	−	−	×	−	−	−	×	−
合闸	◪	−	−	×	−	×	−	−	×	−	−	×	×	−	−	−
合闸后	▯	×	−	−	−	×	−	−	×	−	−	×	×	−	−	−
预备跳闸	▭■	−	×	−	−	−	−	×	×	−	−	−	−	−	×	−
跳闸	◪	−	−	−	×	×	−	−	×	−	×	−	−	−	−	×

表 3-3　　　LW₂-Z-1a. 4. 6a. 40. 20/F8 型控制

开关接线图解

手把和触头盒型式	F8	1a		4		6a			40			20		
位置＼触点号	—	1-3	2-4	5-8	6-7	9-10	9-12	10-11	13-14	14-15	13-16	17-19	17-18	18-20
跳闸后		–	×	–	×	–	–	×	–	×	–	–	–	×
预备合闸		×	–	–	–	×	–	×	–	–	–	–	×	–
合闸		–	–	×	–	–	×	–	–	–	×	×	–	–
合闸后		×	–	–	–	×	–	–	–	–	–	×	×	–
预备跳闸		–	×	–	–	–	×	×	–	×	–	–	×	–
跳闸		–	–	–	×	–	×	–	–	×	–	–	–	×

表 3-4　　　LW₂-Z-1a. 4. 6a. 6a. 40. 20/F8 型控制

开关接线图解

手把和触头盒型式	F8	1a		4		6a			6a			20			20		
位置＼触点号	—	1-3	2-4	5-8	6-7	9-10	9-12	10-11	13-14	13-16	14-15	17-18	18-19	17-20	21-23	21-22	22-24
跳闸后		–	×	–	×	–	–	×	–	×	–	–	×	–	–	–	×
预备合闸		×	–	–	–	×	–	×	–	–	–	×	–	–	–	×	–
合闸		–	–	×	–	–	×	–	–	×	–	–	–	×	×	–	–
合闸后		×	–	–	–	×	–	×	–	–	–	×	–	–	×	×	–
预备跳闸		–	×	–	–	–	×	×	×	–	–	×	×	–	–	×	–
跳闸		–	×	–	×	–	×	–	–	×	–	×	–	–	–	–	×

第二节　控制回路图

控制回路是二次回路的重要组成部分，由于电气设备的种类和型号多种多样，故控制回路的接线方式也很多，但其基本原理是相似的。在此节中举例介绍常用的一些控制回路。

一、对控制回路的基本要求

在发电厂、变电所中的断路器，其跳、合闸都是通过转换开关（也称控制开关）来实现的。因此，必须有相应的二次回路和设备，在控制室的控制屏上操作转换开关，即可发出跳、合闸脉冲，使断路器跳闸或合闸，并有信号指示，故对控制回路的基本要求有：

（1）能进行手动跳、合闸，并能与继电保护和自动装置（必要时）相配合实现自动跳、合闸。在动作完成后，能自动切断跳、合闸脉冲电流。

（2）能指示断路器跳、合闸位置状态，自动跳、合闸时也应有明显信号。

（3）能监视电源及下次操作时跳、合闸回路的完整性。

（4）有防止断路器多次跳、合的防跳跃回路。

（5）当具有单相操作机构的断路器按三相操作时，应有三相不一致的信号。

（6）接线力求简单，使用电缆力求少些。

二、三相操作的断路器控制回路

在我国，110kV 及以下的断路器一般均采用三相同时操作。图 3-1 是最基本的具有电磁型三相同时操作机构灯光监视的断路器控制回路接线图。

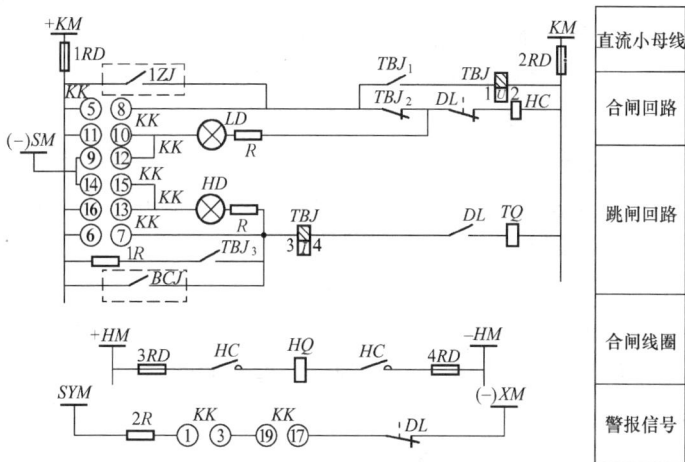

图 3-1 具有灯光监视的断路器控制回路

图 3-1 中所示的断路器在跳闸状态时，其常闭辅助触点 DL 闭合，正电源 $+KM$ 经熔断器 $1RD \rightarrow KK_{11-10} \rightarrow$ 绿灯 LD 及附加电阻 $R \rightarrow DL$（常闭）$\rightarrow$ 合闸线圈 $HC \rightarrow$ 熔断器 $2RD$ $\rightarrow$ 负电源 $-KM$。此时，绿灯 LD 回路接通，绿灯亮，它不仅指示断路器正处在跳闸位置，还监视了合闸回路的完好性。

当需要合闸时，控制开关 KK 手把顺时针方向转动 $90°$ 至"预备合闸"位置（参见表 3-1），绿灯 LD 回路由（$+$）$SM \rightarrow KK_{9-10} \rightarrow LD \rightarrow DL$（常闭）$\rightarrow HC$ 线圈 $\rightarrow 2RD \rightarrow$ $-KM$ 导通，绿灯闪光。经检查操作对象无误后，把 KK 手把再向顺时针方向转 $45°$ 至"合闸"位置，接触器线圈 HC 回路由 $+KM \rightarrow KK_{5-8} \rightarrow$ 触点 $TBJ_2 \rightarrow DL$（常闭）$\rightarrow HC$ 线圈 $\rightarrow -KM$ 导通而起动，闭合其在合闸线圈回路中的触点，

61

使断路器合闸。

断路器合闸后，自动切换其辅助触点，常闭辅助触点 DL 打开，常开辅助触点 DL 闭合，为跳闸回路作好准备。此时，红灯 HD 回路由 $+KM \rightarrow 1RD \rightarrow KK_{16-18} \rightarrow HD \rightarrow TBJ$ 线圈 $\rightarrow DL$（常开）$\rightarrow TQ$ 线圈 $\rightarrow 2RD \rightarrow -KM$ 导通，红灯亮，指示断路器合闸操作完毕。放开控制开关 KK 后，便自动向反时针方向转动 $45°$，复归至"合闸后"位置，此时，红灯由上述回路接通而发亮，指示断路器在合闸位置。

若需要断路器跳闸时，将 KK 向反时针方向转动 $90°$ 至 KK "预备跳闸"位置，红灯闪光。检查无误后，将 KK 再向反时针方向转动 $45°$ 至"跳闸"位置，跳闸线圈 TQ 回路接通，断路器跳闸。断路器跳闸后，自动切换其辅助触点，从而切断了跳闸脉冲，并接通绿灯回路，使绿灯亮，指示断路器已跳闸完毕。放开 KK 后，KK 自动向顺时针方向转动 $45°$ 而复归至"跳闸后"位置。

当断路器配置的自动重合闸或备用电源自动投入装置动作时，使 $1ZJ$ 的常开触点（见图 3-1 的上方虚线框）闭合，接通自动重合闸回路，即 $+KM \rightarrow 1RD \rightarrow 1ZJ \rightarrow TBJ_2 \rightarrow DL$（常闭）$\rightarrow HC$ 线圈 $\rightarrow 2RD \rightarrow -KM$。断路器自动合上。由于断路器的常开触点 DL 闭合，使红灯回路由（$+$）$SM \rightarrow KK_{14-15} \rightarrow HD \rightarrow TBJ$ 线圈 $\rightarrow DL$（常开）$\rightarrow TQ$ 线圈 $\rightarrow 2RD \rightarrow -KM$ 导通，红灯闪光，表示断路器和控制开关 KK 位置不对应。

当断路器配置的继电保护装置动作时，其常开触点 BCJ 闭合（见图 3-1 的下方虚线框），接通跳闸回路，即 $+KM \rightarrow 1RD \rightarrow BCJ \rightarrow TBJ$ 线圈 $\rightarrow DL$（常开）$\rightarrow TQ$ 线圈 $\rightarrow 2RD \rightarrow -KM$。由于 DL（常闭）触点的闭合，使绿灯 LD

回路由（＋）$SM \to KK_{9-10} \to LD \to DL$（常闭）$\to HC$ 线圈 $\to 2RD \to -KM$ 接通，绿灯闪光，表明断路器的实际位置与控制开关 KK 不对应。

当断路器在合闸位置时，其控制开关 KK_{1-3} 和 KK_{19-17} 闭合，此时，若保护动作或断路器误脱扣跳闸，其 DL（常闭）触点闭合，接通事故信号小母线 SYM 回路，发出音响信号。有关音响信号回路详见中央信号部分。

图 3-1 中还设有"防跳"回路。其作用是，当断路器手动或自动合闸在有故障的线路上，继电保护装置将动作跳闸。此时，如果操作人员仍将控制开关放在合闸位置，或自动重合闸装置的触点 $1ZJ$ 未复归，断路器将发生再合闸。因为线路上的故障未消除，继电保护装置又动作于跳闸，从而出现多次"跳——合"现象。这种现象称之为断路器的"跳跃"。断路器如果发生多次跳跃，将造成断路器的遮断能力下降，甚至引起爆炸事故。所以防止"跳跃"的目的是保护断路器。当采用 CD-2 型操作机构时，由于机构本身在机械设计上有防止断路器跳跃的闭锁装置，不需要在控制回路中另加电气"防跳"设施。对于其他没有"防跳"性能的操作机构，均应在控制回路中增加电气"防跳"的回路。

图 3-1 中，TBJ 为防跳闭锁继电器，它有两个线圈，一个是电流起动线圈；一个是电压保持线圈。电流线圈串联在跳闸回路中，以便当继电保护装置动作于跳闸时，使 TBJ 可靠的起动。电压线圈主要的作用是在继电器动作后能可靠地自保持，故经自身的一个常开触点 TBJ_1 并联于合闸线圈 HC 的回路中。此外，在断路器的合闸回路中还串联了一个常闭触点 TBJ_2，其目的在于：当利用控制开关 KK 或自动重合闸 $1ZJ$ 进行合闸时，如线路有故障，继电

保护装置动作，触点 BCJ 闭合，将跳闸回路接通，使断路器跳闸，同时跳闸电流也将防跳继电器 TBJ 启动，其常闭触点 TBJ_2 断开合闸回路，常开触点 TBJ_1 接通自保持回路。此时，若合闸脉冲未解除（假设自动重合闸的 $1ZJ$ 触点未断开），但由于 TBJ 的自保持，常闭触点 TBJ_2 在断开位置，切断了合闸回路，因此，不会造成再次合闸，防止了断路器的"跳跃"。

图 3-1 中的 TBJ_3 触点的作用是：用来防止继电保护装置出口继电器 BCJ 在断开直流电源时发生烧坏而设置的，如当 BCJ 触点闭合，在断路器的辅助触点 DL 未断开时，出口继电器 BCJ 已返回，也就是 BCJ 触点先于 DL 断开，就会使 BCJ 触点因断直流电源而烧坏。

防跳回路的动作过程是：当继电保护装置动作后，BCJ 触点闭合，起动防跳继电器 TBJ，即：$+KM{\rightarrow}BCJ{\rightarrow}TBJ$ 电流线圈$\rightarrow DL{\rightarrow}TQ{\rightarrow}-KM$ 回路接通。TBJ 起动，常开触点 TBJ_1 闭合，自保持回路为：$+KM{\rightarrow}KK_{5-8}{\rightarrow}TBJ_1{\rightarrow}$ TBJ 电压线圈$\rightarrow-KM$。常闭触点 TBJ_2 断开，切断合闸回路，即：$+KM{\rightarrow}KK_{5-8}{\rightarrow}TBJ_2{\rightarrow}DL{\rightarrow}HC{\rightarrow}-KM$。

防止 BCJ 触点烧坏回路，即：$+KM{\rightarrow}1R{\rightarrow}TBJ_3{\rightarrow}$ TBJ 电流线圈$\rightarrow DL{\rightarrow}TQ{\rightarrow}-KM$。

继电保护工作人员在传动防跳回路时，变电站值班人员应予配合，其传动方法如下：

（1）断路器在合闸状态，值班人员将控制开关 KK 置于合闸位置。此时，继电保护人员短接 BCJ 触点，断路器跳闸，防跳继电器动作，断路器不应再合闸。

（2）继电保护工作人员用手按住 TBJ，使其动作，此时值班人员进行合闸操作，断路器应不能合闸；

（3）将断路器常开触点 DL 短接，再短接 TBJ_3 常开触点，TBJ 应可靠自保持（传动时应快，以防将 TQ 线圈烧坏）。

三、分相操作的断路器控制回路

（一）分相操作的断路器控制回路的特点

在 220kV 及以上电压等级的电力系统中，为了满足综合重合闸各种运行方式的需要，提高安全供电水平，应采用分相操作的断路器。分相操作的控制回路如图 3-2 所示。其特点如下：

（1）为增加控制开关 KK 的触点，装设跳、合闸继电器 TJ、HJ。

（2）各相分别装设跳、合闸位置继电器 TWJ_A、TWJ_B、TWJ_C，HWJ_A、HWJ_B、HWJ_C 和防跳继电器 TBJ_A、TBJ_B、TBJ_C。断路器合闸位置信号灯由各相的 HWJ_A、HWJ_B、HWJ_C 触点串联接入，以便监视各相位置；而跳闸位置信号灯和事故跳闸信号回路则由各相的 TWJ_A、TWJ_B、TWJ_C 触点并联接入，以反应各相自动跳闸情况。

（3）增加了"断路器三相切换不一致"光字牌信号。

（二）断路器在操作时的逻辑回路

1. 合闸回路

当需三相合闸时，操作 KK 手把，合闸继电器 HJ 起动，三对常开触点闭合［见图 3-2（a）］，再使合闸线圈 HQ 励磁，即：$+KM \rightarrow KK \rightarrow HJ$ 电压线圈 $\rightarrow -KM$，回路接通，HJ 启动。对 A 相而言，$+KM \rightarrow HJ_{5-6} \rightarrow TBJ_A \rightarrow HQ_A \rightarrow DL \rightarrow -KM$，回路接通，$A$ 相断路器合闸。同样，B 相、C 相合闸线圈励磁，分别将 B 相、C 相断路器合闸。

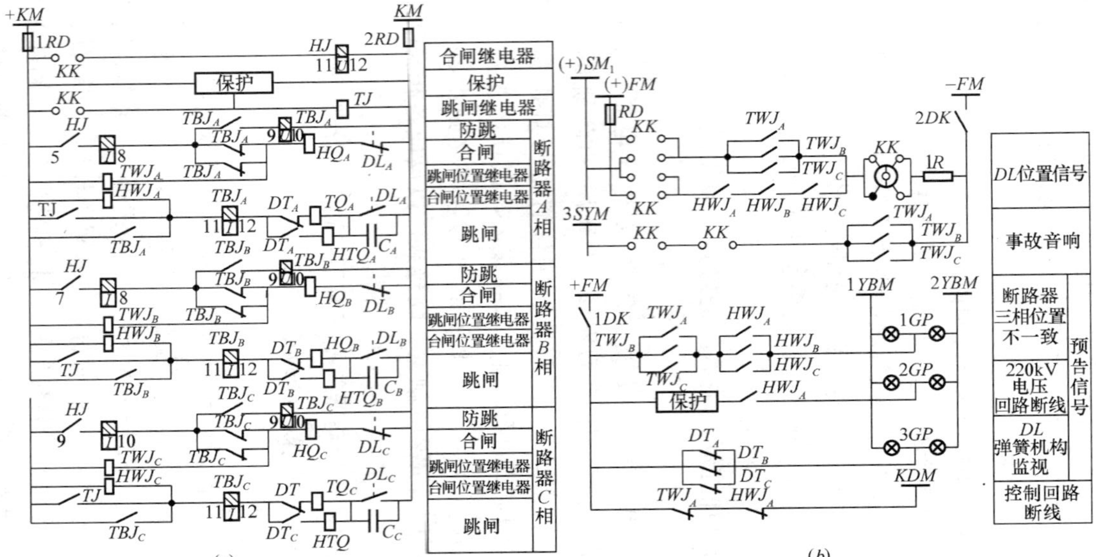

图 3-2 弹簧操作机构的少油断路器分相操作的控制回路 (KK 型号: LW₂-YZ-1a、4、6a、40、20/F₁)

(a) 控制回路; (b) 位置信号回路

66

2. 跳闸回路

(1) 手动三相跳闸：$+KM \rightarrow KK \rightarrow TJ$ 线圈 $\rightarrow -KM$，跳闸继电器 TJ 励磁，三对常开触点闭合〔见图 3-2 (a)〕，使跳闸线圈励磁。对 A 相而言，$+KM \rightarrow TJ \rightarrow TBJ_A$ 电流线圈 $\rightarrow DT_A \rightarrow TQ_A \rightarrow DL_A \rightarrow -KM$，回路接通，$A$ 相断路器跳闸。同样，B 相、C 相跳闸线圈励磁，分别跳开 B 相、C 相断路器。

(2) 继电保护装置动作跳闸：在 220kV 系统中，其自动合闸均采用综合重合闸，此种装置本身具有选相元件，能够区分哪一相故障，并能有选择地跳开故障相。如 A 相发生单相接地，则 A 相选相元件动作，起动跳 A 相断路器的继电器 TBJ_A，使 A 相跳闸线圈励磁，跳开 A 相断路器，即：$+KM \rightarrow TBJ_A \rightarrow TBJ_A$ 电流线圈 $\rightarrow DT_A \rightarrow TQ_A \rightarrow DL_A \rightarrow -KM$，回路接通。

四、具有液压操作机构的断路器控制回路

液压操作机构的特点是：利用液压储能操作断路器跳、合闸，并靠液压使断路器保持在合闸位置。因此，当液压低于某一规定值时，液压泵电动机就自起动，使之储能；当液压高于某一规定值时，就自动停泵，以免压力过高使压力机构发生问题。当液压过低时，也应闭锁合、跳闸回路，使断路器不能动作，以免在线路发生事故时，因断路器动作速度过慢而不能切断故障电流，造成损坏断路器事故。

图 3-3 是具有液压操作机构的断路器控制、信号回路。图中所示的压力表触点 $4JY$ 串联在合闸回路。当液压低于某一数值时，$4JY$ 动作，触点断开，切断合闸回路，即不允许进行合闸操作；当压力继续下降到另一规定值时，JY_1 压力表触点闭合，发出预告信号，告知运行人员压力异常，

应采取措施。

为了防止压力过低时断路器切断故障电流而损坏断路器，当液压低于某个数值时，5JY 压力表触点闭合，启动2ZJ，使断路器跳闸。

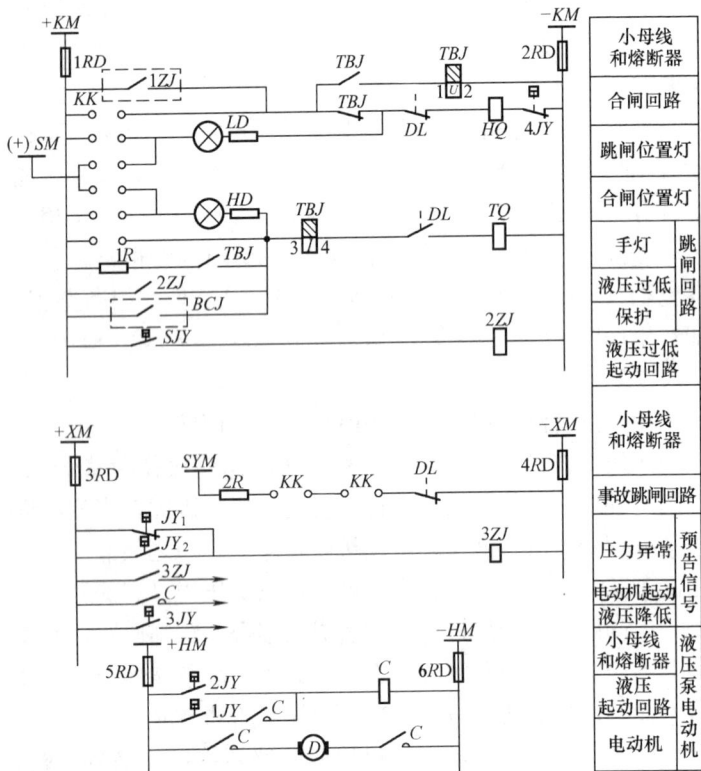

图 3-3　液压操作机构的断路器控制、信号回路

液压泵电动机回路中接有低定值的压力表 2YJ 和高定值的压力表 1JY。当压力下降到低定值时，2YJ 触点闭合，

起动交流接触器 C，使电动机"D"运转，开始升压；当压力升到高定值时，$1JY$ 触点断开，使交流接触器失磁，停止升压。

五、单相操作机构断路器的三相联动控制回路

空气断路器的特点是以压缩空气的储能来操作断路器合、跳闸的，并用压缩空气使触头灭弧。为此，必须在回路中串入气压触点，以便在气压低时闭锁控制回路。并应设置跳、合闸和重合闸后压力降低信号。

1. 图 3-4 所示控制回路的特点

（1）跳、合闸线圈的脉冲是靠在回路中三相辅助触点 DL_A、DL_B、DL_C 来保证的。在跳闸回路中，三相断路器的辅助触点采用并联的方式，这样，当触点接触不良或断线时，只要有一相完好就可以动作跳闸。在合闸回路中，三相

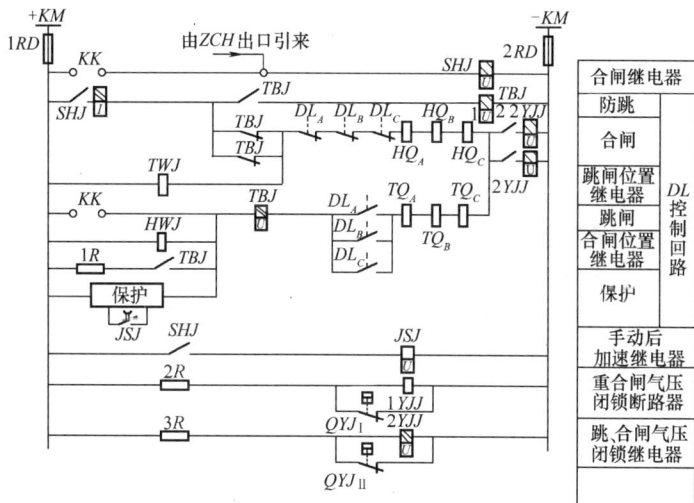

图 3-4 具有单相操作机构的空气断路器三相联动控制回路

断路器的辅助触点采用串联连接的方式,以便保证只有在三相完全跳闸及其回路的线圈、辅助触点都完好的情况下,才可以合闸。

(2) 跳、合闸的三个线圈都采用串联接法,使断路器动作保持较好的一致性。

(3) 跳、合闸气压闭锁的中间继电器 $2YJJ$ 采用带自保持线圈的 YZJ_{1-5} 型继电器,它的两对触点并联后串接在跳、合闸回路中。因此,只要断路器辅助触点 DL 不断开,$2YJJ$ 因有电流自保持回路始终处在自保持状态,从而保证断路器可靠跳、合闸,并增加了 $2YJJ$ 触点的容量。

2. 合闸回路

(1) 手动合闸回路:

1) $+KM \rightarrow KK \rightarrow SHJ$ 电压线圈 $\rightarrow -KM$,手动合闸继电器 SHJ 起动。

2) $+KM \rightarrow SHJ$ 触点及电流线圈 $\rightarrow TBJ \rightarrow DL_A \rightarrow DL_B \rightarrow DL_C \rightarrow HQ_A \rightarrow HQ_B \rightarrow HQ_C \rightarrow 2YJJ \rightarrow -KM$,回路接通,合闸线圈 HQ 励磁。

(2) 自动合闸回路:见图 3-4 左上方"由 ZCH 出口引来"的回路,例如由自动重合闸出口继电器的触点引来。合闸过程同"手动合闸(1)"。

3. 跳闸回路

(1) 手动跳闸回路:$+KM \rightarrow KK \rightarrow TBJ$ 线圈 $\rightarrow DL_A$(或 DL_B,或 DL_C)$\rightarrow TQ_A \rightarrow TQ_B \rightarrow TQ_C \rightarrow 2YJJ \rightarrow -KM$,使跳闸线圈 TQ 励磁。

(2) 自动跳闸回路:见图 3-4 左中侧,继电保护装置的出口继电器起动后,触点闭合(见图中 保护),或自动重合闸的后加速继电器 JSJ 动作后触点闭合,均能使断路器跳开。如重合闸后加速继电器触点 JSJ 闭合后，使断路器跳闸的回路为：$+KM \rightarrow 1RD \rightarrow JSJ \rightarrow TBJ$ 线圈 $\rightarrow DL \rightarrow TQ_A \rightarrow TQ_B \rightarrow TQ_C \rightarrow 2YJJ \rightarrow 2RD \rightarrow -KM$。使断路器跳闸线圈 TQ 励磁。

六、三绕组变压器的控制及音响信号回路

变压器的控制回路，主要包括变压器的断路器合闸、跳闸时电动操作回路及保护装置动作时的回路。按合闸、跳闸回路的监视方式分为灯光监视和音响监视两种。这里我们介绍的是灯光监视回路。

前面介绍过有关二次展开图的基本知识，它所展现的是指断路器在跳闸后状态下的情形。我们现在要讨论的是三绕组变压器的控制回路。

图 3-5 是三绕组变压器接线示意图。图 3-6 是三绕组变压器的控制回路。

在图 3-6 中，各个元件及二次回路的接线是完好的，直流电压正常，各级熔断器都完好，这时 $1LD$ 监视灯亮。它的回路是：$+KM \rightarrow 1RD \rightarrow 1KK_{15-14} \rightarrow 1LD \rightarrow R \rightarrow 1TBJ_{5 \cdot 6} \rightarrow 1TBJ_{16 \cdot 15} \rightarrow 1DL$ 常闭触点 $\rightarrow 1HC \rightarrow 2RD \rightarrow -KM$。为什么 $1LD$ 监视灯亮而合闸起动器不会起动呢？因为在 $1LD$ 回路中串联一个附加电阻，这个电阻的作用是降低电压，按设计要求它产生的压降可以到额定电压的 70%，此时还足够使监视灯亮，而 $1HC$ 是不会起动的。另一个作用可以使监视灯延长寿命，或一旦该灯丝短路，也不致使 $1HC$ 起动而去误合闸。$1LD$ 监视灯亮告诉值班人员合闸回路是完好的。

下面我们按分解动作分析回路中各元件的作用。

（一）预备合闸

将控制开关 $1KK$ 按顺时针方向转动 $90°$ 至"预备合闸"

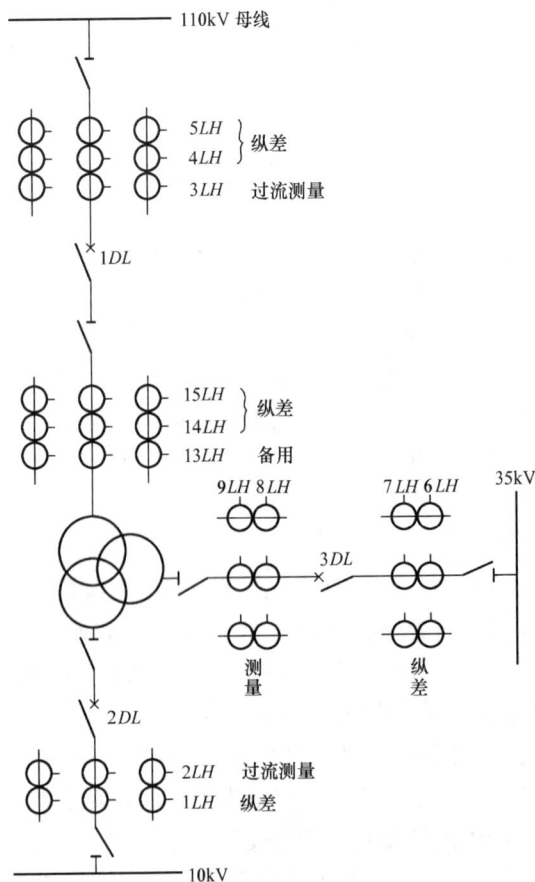

图 3-5 三绕组变压器接线示意图

时，这是 1KK 的 13-14、18-17 触点闭合（对于触点 18-17
闭合，此时没作用，因为 1DL 常开触点在断开位置，回路
不通）。只有 1KK 的 13-14 触点闭合，使 1LD 监视灯接通

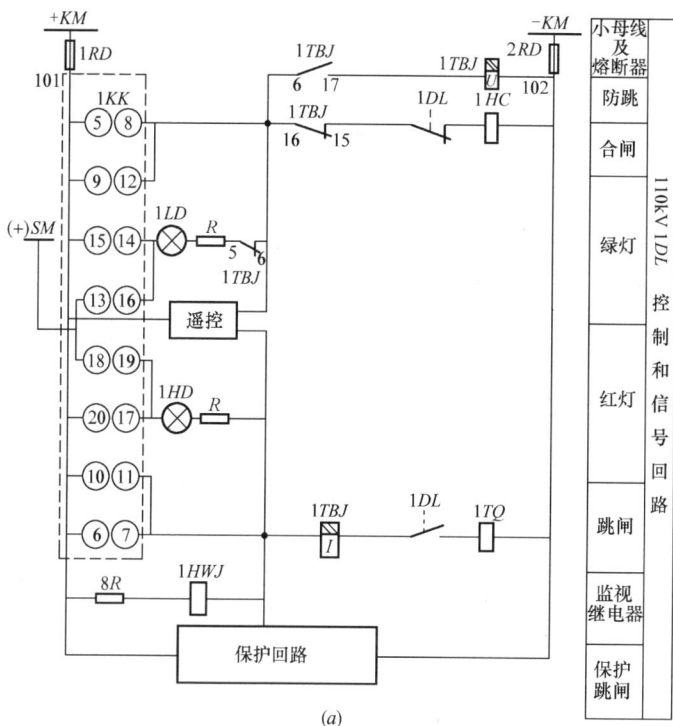

图 3-6　三绕组变压器的控制回路图（一）

(a) 110kV 侧 1DL 控制回路

于闪光回路，1LD 闪光。它告诉值班人员合闸回路完好；提醒值班人员再次核对设备编号，有无错误。此时的回路是：（＋）$SM \rightarrow 1KK_{13-14} \rightarrow 1LD \rightarrow R \rightarrow 1TBJ$ 的两对常闭触点 $\rightarrow 1DL$ 常闭触点 $\rightarrow 1HC \rightarrow 2RD \rightarrow -KM$。其闪光原理将在闪光装置中介绍。

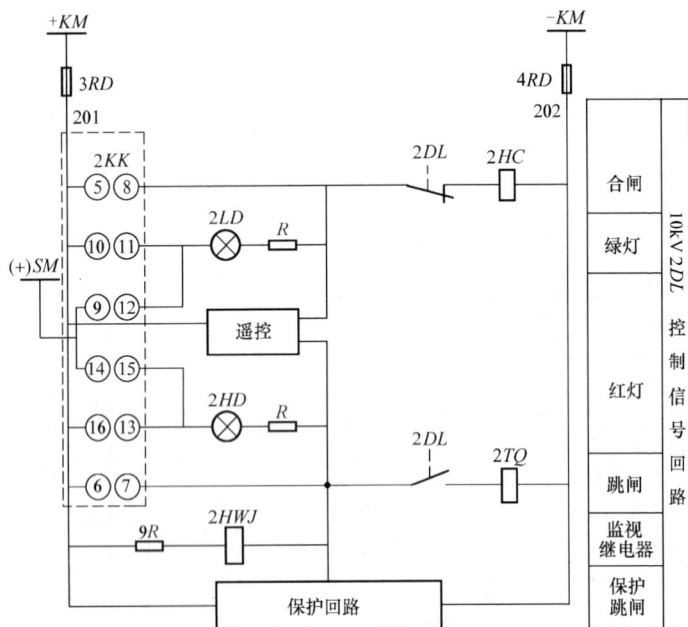

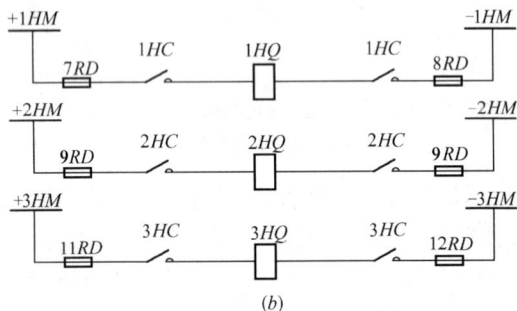

图 3-6 三绕组变压器的控制回路图（二）

(b) 10kV 侧 2DL 控制回路

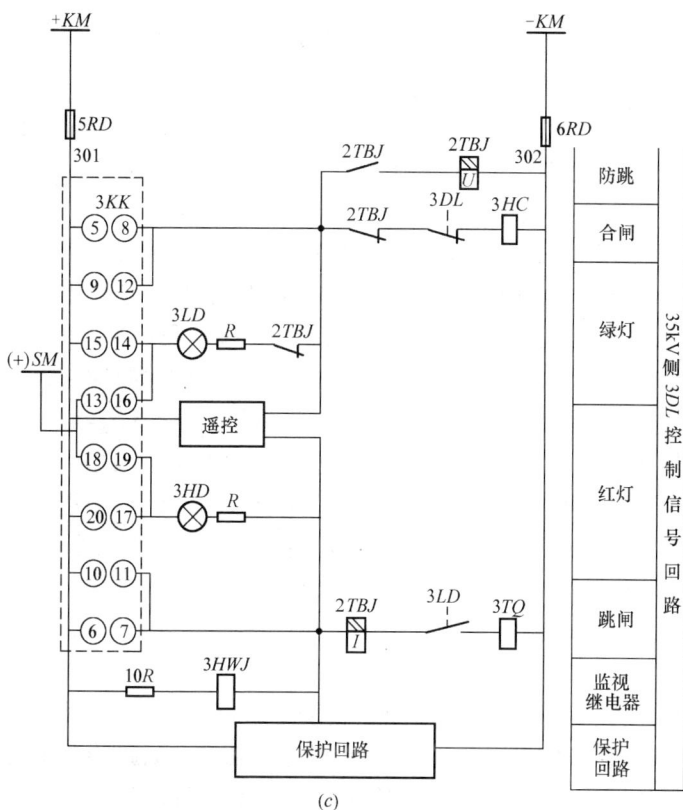

图 3-6 三绕组变压器的控制回路图（三）

（c）35kV 侧 3DL 控制回路

1～3KK→转换开关 LW₂-Z-1a.4.6a.40.20.20/F8 型

（二）合闸时

将控制开关 1KK 由"预备合闸"位置按顺时针方向转动 45°至"合闸"位置，在此瞬间，同时伴有短暂的 1LD 闪光，它的回路是：（＋）$SM \rightarrow 1KK_{13-16} \rightarrow 1LD \rightarrow R \rightarrow 1TBJ$ $\rightarrow 1DL$ 常闭触点 $\rightarrow 1HC \rightarrow 2RD \rightarrow -KM$，断路器合上闸。随着控制开关的转动，闪光也就停止。

控制开关 $1KK$ 由水平位置沿顺时针方向转动 $90°$ 至"预合"位置时，通常约经 3s（秒）时间后，再将 $1KK$ 继续沿顺时针方向转动 $45°$ 至"合闸"位置，这时，控制开关 $1KK$ 的 5-8、9-12 触点闭合（$1KK$ 的 13-16 触点也闭合，但只是在合闸的瞬间闭合，随着断路器的机构转动变化，当 $1DL$ 打开，闪光也就停止）。从图 3-6（a）我们可以看到，$1KK$ 的 5-8 与 9-12 触点是并联的，那是为了增加可靠性。此时的回路是：$+ KM \rightarrow 1RD \rightarrow 1KK_{5-8}$（$1KK_{9-12}$）$\rightarrow$ $1TBJ$ 常闭触点 $\rightarrow 1DL \rightarrow 1HC \rightarrow 2RD \rightarrow -KM$。此时加在 $1HC$ 上的电压是额定电压，所以 $1HC$ 可以起动。$1HC$ 起动后，接通了"$1DL$"的合闸线圈回路，使合闸线圈励磁，驱动合闸铁芯，机构转动，完成合闸过程。

（三）合闸后

当控制开关 $1KK$ 的手把在"合闸"位置时，这个短暂的时间也就是完成断路器合闸传动时间的总和。它包括回路的起动、机构的传递动作、DL 触点的切换、断路器合闸终了的时间，大约是 $2 \sim 3s$ 的时间。操作控制开关的手松开后，控制开关 $1KK$ 便向反时针方向自动转回 $45°$ 至"合闸后"位置。

合闸后，监视灯 $1HD$ 亮（$1LD$ 绿灯因 $1DL$ 常闭触点打开不会亮），此时回路是：$+ KM \rightarrow 1RD \rightarrow 1KK_{20-17} \rightarrow$ $1HD \rightarrow R \rightarrow 1TBJ \rightarrow 1DJ$（常开触点，此时在闭合）$\rightarrow 1TQ$ $\rightarrow 2RD \rightarrow -KM$，回路接通。从这个回路看，跳闸线圈也跨接于正、负电源之间，但它也和合闸回路一样，有降压电

阻，因此，跳闸线圈 $1TQ$ 也不会起动。

合闸后，监视灯 $1HC$ 亮，意指跳闸回路完好，电源正常。除有灯光监视外，还专设一个监察继电器 $1HWJ$，其回路是［见图 3-6 (a)］：$+KM \rightarrow 1RD \rightarrow 8R \rightarrow 1HWJ \rightarrow 1TBJ \rightarrow 1DL \rightarrow 1TQ \rightarrow 2RD \rightarrow -KM$，回路接通。在此回路中，$8R$ 的作用同附加电阻 R 一样，当 $1HWJ$ 起动后，使它在"预告信号回路"中的常闭触点打开（因串接在 $1HWJ$ 触点的 $1DL$ 常开触点在闭合），见图 3-7 跳闸回路直流断线光字牌回路。用灯光监视回路的完好性，有时会产生误会。如灯丝断了，监视灯也不会亮。所以，增设一个监察继电器 HWJ，便可以综合分析，一旦出现"跳闸回路直流断线"光字牌时，运行值班人员应视为紧急信号，马上排除故障，以防止发生本断路器不动作而越级跳闸的事故。

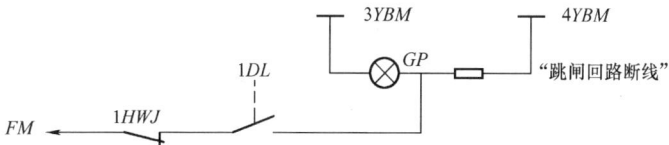

图 3-7 "跳闸回路直流断线"光字牌回路图

为什么要在图 3-7 回路图中串接 $1DL$ 常开触点呢？我们分两种情况进行讨论。

（1）合闸后。$1DL$ 触点随着断路器的跳、合闸动作进行切换，该触点闭合（本为常开触点）而此回路中的 $1HWJ$ 触点随着断路器合闸后断开。此时，这个回路的通断是受 $1HWJ$ 的触点控制的，一旦回路中发生问题使 $1HWJ$ 失磁，此回路中它的常闭触点就闭合，光字牌亮，并报出铃响。

（2）断路器在跳闸后位置时，串接在跳闸回路中的 1DL 触点打开，1HWJ 线圈失磁，结果在图 3-7 回路中的 1HWJ 常闭触点也闭合。因此，如果不串一个 1DL 的常开触点与其配合，不就也发出同合闸后跳闸回路断线一样的信号了吗？有了 1DL 这个触点，这个矛盾也就解决了。

（四）预备跳闸

当控制开关 1KK 的手把沿反时针方向转动 90°至"预跳"位置时，在图 3-6(a) 中 1KK 的 18－17 触点闭合，1HD 发出闪光。此时的回路是：（＋）$SM \rightarrow 1KK_{18-17} \rightarrow 1HD \rightarrow R \rightarrow 1TBJ \rightarrow 1DL$ 此时该触点在闭合 $\rightarrow 1TQ \rightarrow 2RD \rightarrow -KM$，接通了闪光回路。其作用意在跳闸回路完好，提醒值班人员再次核对设备编号，此时若有错误，还来得及纠正。

（五）跳闸

控制开关 1KK 在"预备跳闸"位置约停 2～2s 后，其控制开关手把由"预备跳闸"位置继续向反时针方向转动 45°至"跳闸"位置，其回路是：＋ $KM \rightarrow 1RD \rightarrow 1KK_{6-7(10-11)} \rightarrow 1TBJ \rightarrow 1DL$ 触点（该触点此时在闭合）$\rightarrow 1TQ \rightarrow 2RD \rightarrow KM$，回路接通。回路中 1KK 的 6-7、10-11 触点并联使用，其作用与合闸回路中的相同，这时跳闸线圈 1TQ 承受的是额定电压，串接在回路中的 1TBJ 线圈是电流线圈，压降很小（电流线圈导线粗、匝数少、电阻值小）。

（六）跳闸后

同样，由"跳闸"到"跳闸后"的过程是很短的，手松开控制开关 1KK 手把，其自动返回后的位置就是"跳闸后"的位置，也就是本图开始介绍的没合闸以前的状态，又恢复到监视灯 1LD 亮的情况。

本图除了合闸回路、跳闸回路、监察回路外，还有保护跳闸回路。

下面谈谈保护装置动作跳闸时音响信号回路。

现在讨论的是变压器 110kV（高压侧）断路器在保护装置动作跳闸的情况。

在变压器保护中，不论是重瓦斯、差动、110kV 过电流保护，还是作为 35kV 过电流、10kV 过电流的后备保护，只要其中任何一种保护装置动作都会造成该断路器跳闸。

断路器跳闸后，应有如下信号：事故警笛、闪光、光字牌、信号继电器掉牌。

（一）事故警笛音响回路

在事故跳闸音响回路中，前面介绍过，当断路器合闸后，控制开关 $1KK$ 的 $1-3$、$23-21$ 两对触点是在闭合位置，而串接在该回路中的 $1DL$ 常闭触点是在断开位置。当断路器跳闸后，该触点闭合，给中央信号事故音响起动回路接通一个负电源，起动冲击继电器而报出警笛，见图 3-8 事故警笛音响回路。

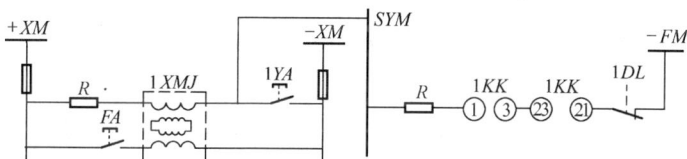

图 3-8 事故警笛音响回路

（二）闪光信号回路

因为断路器合闸后，控制开关 $1KK$ 的 $13-16$ 触点闭合，断路器一经跳闸，串接于合闸回路的 $1DL$ 常闭触点闭合，所以构成闪光回路：（＋）$SM \rightarrow 1KK_{13-16} \rightarrow 1LD$ 绿灯

$\rightarrow R \rightarrow 1TBJ$ 常闭触点$\rightarrow 1DL \rightarrow 1HC \rightarrow 2RD \rightarrow -KM$，回路接通［见图 3-6$(a)$］。

（三）光字牌信号回路

在保护装置动作时，光字牌灯亮通常是受掉牌信号继电器或附助触点 DL 控制的。当保护装置动作时，使信号继电器 XJ 的触点闭合，光字牌亮并报出警铃。见图 3-9 光字牌信号回路。

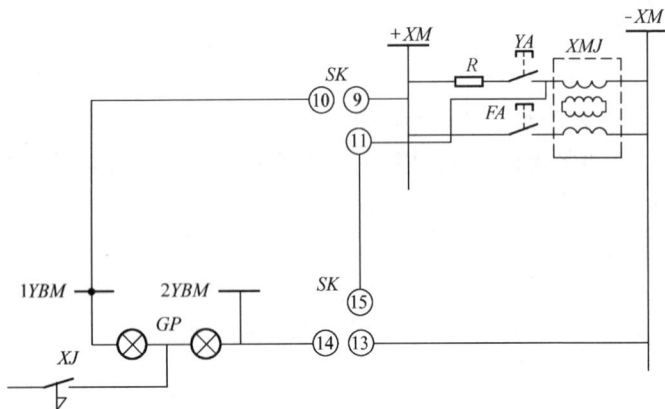

图 3-9　光字牌信号回路

从上面示意图回路看，SK 的触点当在试验位置时，其触点 $9-10$、$13-14$ 闭合，光字牌灯亮。这时，小母线 $1YBM$ 为正极性，$2YBM$ 为负极性。当 SK 投入信号位置时，其触点 $10-11$、$14-15$ 闭合，这时受信号继电器 XJ 的触点控制，$1YBM$、$2YBM$ 均带负电，其回路是：$-XM$ $\rightarrow XMJ$ 线圈$\rightarrow SK_{10-11} \rightarrow SK_{15-14} \rightarrow 2YBM$；$-XM \rightarrow XMJ$ 线圈$\rightarrow SK_{10-11} \rightarrow 1YBM$。

我们重点对 110kV 侧断路器的控制回路作了分析。

10kV、35kV侧断路器的控制回路与110kV侧断路器控制回路的设计原则是一样的，不再重复。

第三节　中央信号回路图

中央信号装置是发电厂、变电站信号集中的地方。发电厂和变电站内所有电气设备或电力系统发生的异常情况，都由它及时、准确地发出指令和信号，运行值班人员根据信号的性质进行正确的分析、判断和处理，以保证发、供电工作的正常运行。

中央信号分事故信号和预告信号两部分。事故信号指的是电力系统已酿成事故后发出的信号，让值班人员尽快地、正确地限制事故的发展，将已发生事故的设备单元进行隔离，以保证其它设备继续运行。预告信号是指电力系统或个别电气设备已有异常情况，"告诉"值班人员必须立即采取有效措施给以处理，如有异常不报或拖延了时间，也会发展成事故。所以，学习和掌握中央信号回路图，是每个电气运行值班人员很重要的一项工作内容。

对中央信号装置的要求以及它应具备的条件：

（1）断路器事故跳闸时能及时发出音响信号（警笛），并伴有光字显示事故的性质。

（2）发生异常时能及时发出区别于事故音响的信号（警铃），并伴有光字显示异常的种类、区域。

（3）能对该装置进行监视和试验，以证明状态完好。

（4）当发生音响信号后，应能手动或自动复归音响，并且使之伴随显示的事故或异常的光字能保留，不影响紧接着再次发生事故或异常时信号的报出。

一、事故信号回路（图 3-10）

1. 直流监视回路

因为事故信号回路担负着整个发电厂或变电站的设备在发生事故时报音响的任务，所以一刻也不能中断电源，同时也不能因回路中个别的元件发生问题而影响报信号。通常，用经常带电的 1JJ 继电器作为对回路的监视。

在监视回路中，不论是由于哪一个熔断器熔断还是由于

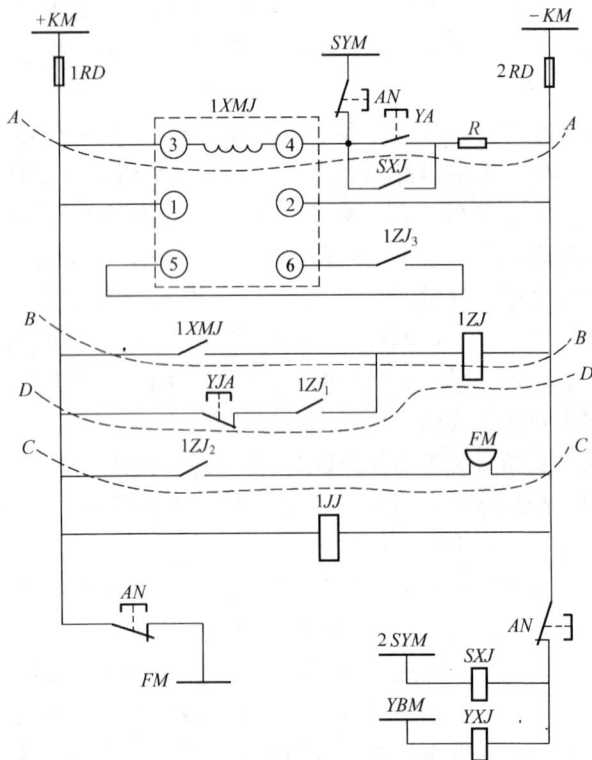

图 3-10 用冲击继电器构成的事故信号回路

82

其它原因而造成回路不通时，1JJ 继电器都将失磁，它的常闭触点便自动接通于信号回路，瞬时报警铃和一个光字，如图 3-11 所示。图中，SK 平时投入信号位置，1-2、13-14 触点接触，GP 报出"事故熔断器熔断"信号。

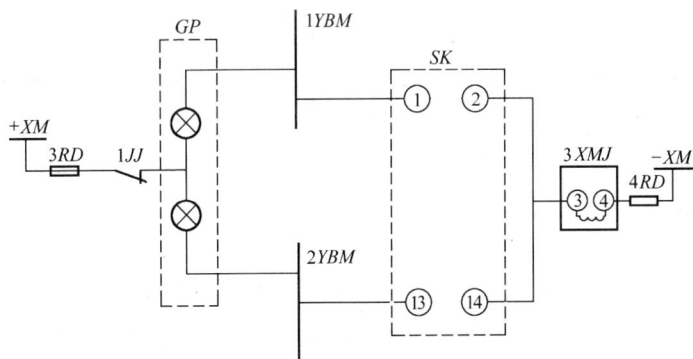

SK 平时投入信号位置：1-2；13-14 接通，
GP 报出"事故熔断器熔断"

图 3-11 直流断线信号原理接线回路图

由图 3-11 看出，1JJ 的触点闭合后，发生一连串的变化，报出光字亮及警铃响。报警铃是靠起动 3XMJ 继电器后才实现的。具体过程下面介绍。

2. 手动试验事故信号回路（见图 3-10）

手动试验就是人为的使 1XMJ 起动，模拟响警笛的过程。在图 3-10 中，把每个回路用虚线联系起来，并都给它编号，便于查找，如回路 A 是起动回路。这个回路的主要元件是 1XMJ，要起动这个继电器有三个渠道：由 SYM 事故音响小母线来个负电源；SXJ 继电器起动后，常开触点闭合；试验按钮 YA 接通。

当按 YA 按钮时，回路 A 接通。$1XMJ$ 起动后，它的触点闭合接通了回路 B 中的 $1ZJ$，该继电器起动，利用其三对触点，分别担任不同的任务。在回路 C 中是为了报警笛；在复归回路中为了尽快使 $1XMJ$ 复归。该继电器复归后，马上断开了回路 B 中的 $1XMJ$ 的触点。而回路 D 是保持回路，因为警笛响后，只要 $1ZJ$ 不失磁，警笛一直在响，目的是供值班人员察觉。$1XMJ$ 马上复归的原因是保证其连续动作。在自保持回路中有一经常接通的按钮，值班人员可以手动断开回路 D，使 $1ZJ$ 失磁，也就解除了音响。

3. 断路器跳闸时的事故音响及信号回路

当保护装置动作或其它原因使断路器跳闸时，也报事故音响，同时事故信号回路也接通。由 SYM 和 SXJ 两个回

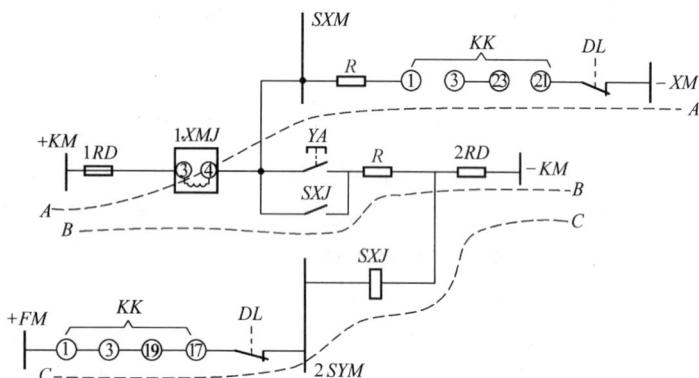

*断路器在合闸位置，控制开关 KK 投入合闸后位置，
则 KK 的 1-3；23-21；19-17 触点闭合

图 3-12　事故跳闸报警信号回路

注　断路器在合闸后，控制开关 KK 的 1-3、23-21、19-17 触点闭合

路来起动，由于来源于两个方面，所以起动的方式也不相同，由图 3-12 说明。

图 3-12 中的回路 A 由一 XM 小母线送来负电源，或者说是由回路中的 DL 触点闭合而接通了该回路的正、负电源，使 $1XMJ$ 起动，接通了事故音响回路。回路 B、C 也是事故音响起动回路。它是先起动 SXJ，接通回路 C，再由 SXJ 的触点接通回路 B，使 $1XMJ$ 起动。关于 $1XMJ$ 起动后报事故音响的过程与手动试验的过程一样。

对该脉冲继电器的一点说明：它的最大稳定电流是 4A，冲击动作电流是 0.2A。该继电器每动作一次，在第一个信号脉冲还存在的情况下，再次并上一个回路，改变了冲击继电器互感线圈的阻值，增大电流，所以可以连续动作。

二、预告信号回路

1. 监视回路

该回路在直流电源及回路完好的情况下，作为回路监视的 $2JJ$ 继电器是经常带电励磁的，因此，它的常开、常闭触点作相对的切换。由图 3-14 原理示意图可知，白色指示灯 BD 应经常亮。见虚线回路 A。

如果预告信号回路中熔断器熔断或回路不通，$2JJ$ 便立即失磁，它的触点便恢复到原来没起动时的状况。回路 A 不通了，回路 B 接入闪光回路，所以指示灯 BD 闪光。说明预告信号回路有问题，值班人员应马上进行处理。如果这个白色指示灯不亮了，会是什么原因呢？可能有三种原因，即：$5RD$ 熔断；该灯丝烧断和接头松动。当然，对这三种情况的处理是容易的。

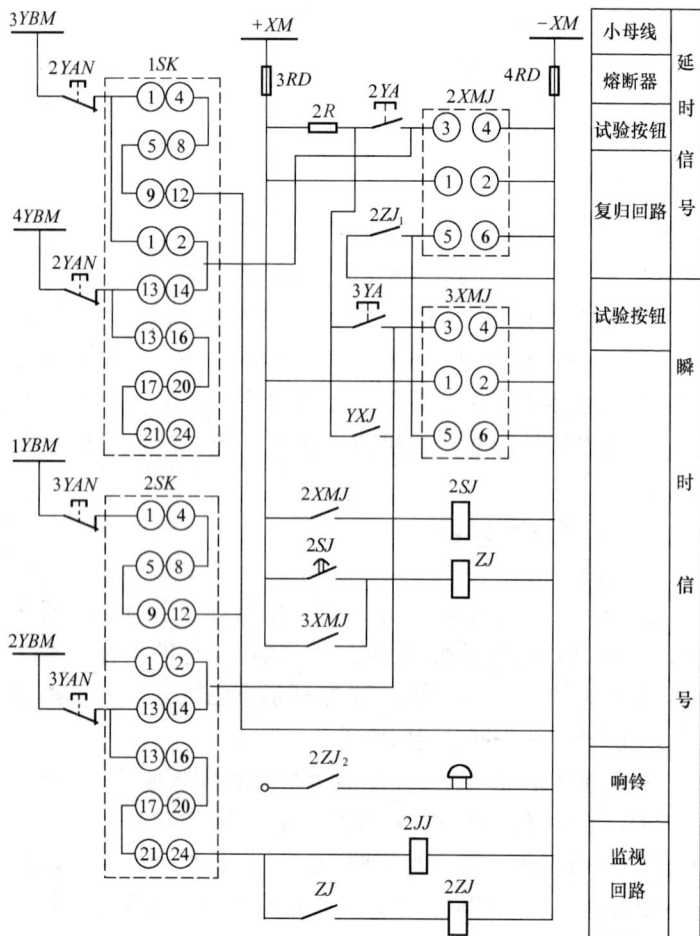

图 3-13　预告信号回路

86

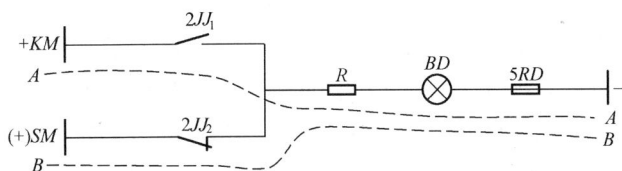

图 3-14 预告信号回路的监视回路

2. 试验警铃的动作过程（延时）

试验目的是检查预告信号装置是否经常处于完好状态。

手动按 $2YA$，$2XMJ$ 便起动，它励磁后发生一系列地

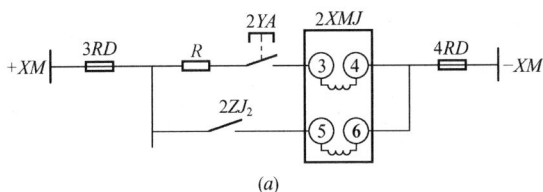

(a)

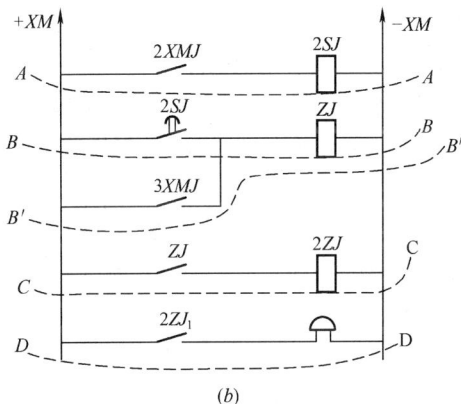

(b)

图 3-15　试验警铃回路图

（a）$2XMJ$ 冲击继电器起动回路；（b）警铃起动回路

连锁动作，见图 3-15（b），其动作程序是用虚线表示的。

从图 3-15 示意回路看，由 2XMJ 励磁开始往下传递，一直到起动警铃。该回路的特点是有自动解除音响装置。当回路 C 起动继电器 2ZJ 时，它的两对触点各自完成自己的任务；首先响警铃〔见图 3-15（b）〕，同时也接通了恢复 2XMJ 的回路〔见图 3-15（a）〕。

这种冲击继电器不是电磁式的，是半导体结构的。它的复归靠三极管实现。由于 2ZJ 的触点接通，使三极管的发射极和集电极同电位，冲击继电器马上失磁。回路 A 立即开路，几秒钟后，回路 B 开路、回路 C 开路，最后回路 D 也开路，警铃不响。

延时和瞬时的区别是在回路中串接一个时间继电器。2XMJ 的回路 A 串有时间继电器；3XMJ 不经时间继电器而直接起动 ZJ 继电器。

3. 瞬时动作的试验回路

对于瞬时动作试验回路，我们参照延时信号动作原理，很快就可以看懂。从图 3-15 中看出，当 3XMJ 励磁后，它的触点直接使回路 B' 接通，只要 ZJ 继电器起动，往下的动作过程与延时信号的动作过程相同。

4. 正常投入时 2XMJ 不起动的原因

我们用简单的原理接线图 3-16 加以说明。

正常投入信号位置时，1SK 的触点 1-2、13-14 接通；试验位置时，1SK 触点 1-4→8-5→9-12 和 13-16→20-17→21-24 分别接通（见图 3-18）。我们掌握了 1SK 各个触点的使用情况后，就不难对所提出的问题作出答复。可以确定，在投入信号位置时，3～4YBM 带的是同极负电。所以，从图 3-16 接线回路看，2XMJ 不会起动。但当出现异常时，

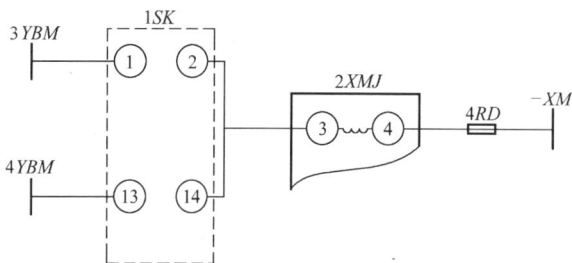

图 3-16　3*YBM*，4*YBM* 带同一极负电的情况

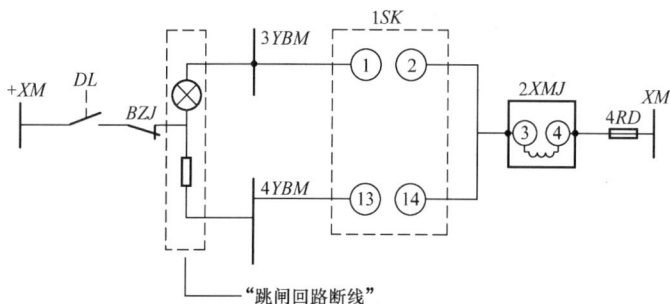

图 3-17　"跳闸回路断线"报出回路

送来一正电源，2*XMJ* 就可以起动。现在通过图 3-17 报"跳闸回路断线"光字回路的接线原理图，说明 3*YBM*、4*YBM* 小母线带负电时所起的作用。

通过原理接线图的彼此联系，我们就较容易理解光字与音响信号的关系。

5. 利用 *SK* 转换开关试验光字牌时的回路

前面已经介绍过转换开关 *SK* 在试验时它的触点闭合情况，现在我们也通过原理接线图示意说明（见图 3-18）。

通过图 3-18 可以很清楚的看出，3*YBM* 小母线带负电，

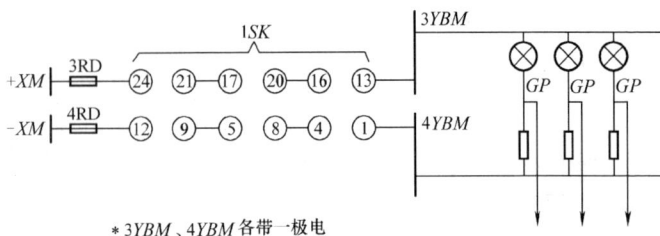

*3YBM、4YBM 各带一极电

图 3-18　3YBM、4YBM 分别带正、负电的原理接线图

4YBM 小母线带正电。而 1YBM、2YBM 小母线接瞬时预告信号回路（见图 3-13），它们的使用原理及带电情况与延时信号回路的相同。

第四节　闪光装置回路图

在发电厂或变电站内的闪光装置发出的信号是一个特急预告信号，当出现此信号时，应立即处理。下面介绍闪光装置的另一个使用，即对断路器合闸送电后的运行监视。为了便于掌握，先谈谈它的闪光原理，见图 3-19。

闪光装置也是不能中断电源的，在运行中它一旦失去作用，就会给判断异常情况带来许多麻烦。所以，平时值班人员要对闪光装置进行试验，试验结果必须正常。平时，白色信号指示灯亮，说明回路 $+1RD \rightarrow YA_{3-4} \rightarrow BD$ 灯 $\rightarrow R \rightarrow -2RD$ 正常。

试验时，按下 YA 按钮，其触点 $1-2$ 接通（YA_{3-4} 触点断开），此时的回路是：$+1RD \rightarrow ZJ$ 延时打开常闭触点 $\rightarrow ZJ$ 线圈 $\rightarrow R \rightarrow YA_{1-2} \rightarrow BD \rightarrow R \rightarrow -2RD$，回路接通。这个回路电阻较大，电压降大，白色灯发光较暗，ZJ 继电器起动，

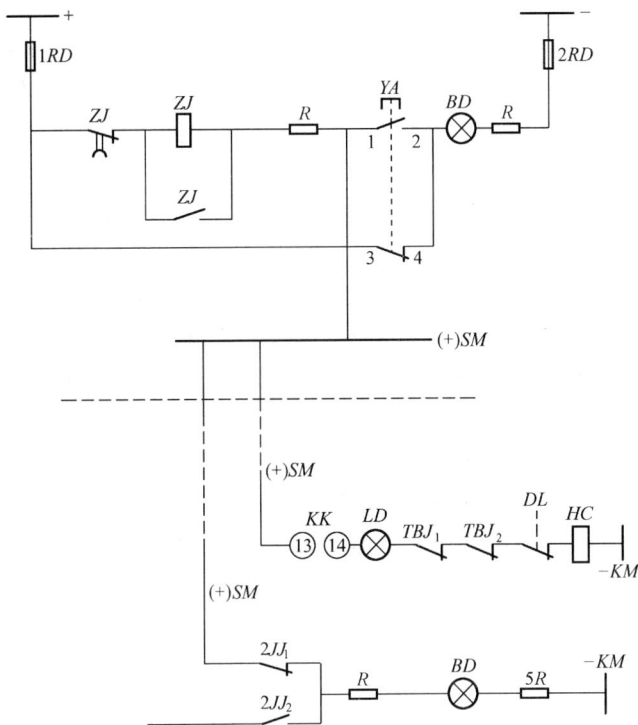

图 3-19 闪光装置原理接线图

它的常开触点闭合，等于将它自己的线圈短路。由于 ZJ 的常闭延时触点动作迟缓，这时由正极到负极的回路中少了个 ZJ 线圈，回路电阻减少，白色灯亮度变大。等 ZJ 常闭延时触点打开，白色灯灭，同时 ZJ 线圈失磁，使 ZJ 的常开触点，常闭触点马上恢复正常状态。由于 YA_{1-2} 在接通，ZJ 的常闭延时触点只要一接通，第二次闪光又开始了，形成周而复始的闪光。

闪光装置的用途：前面我们介绍了闪光装置的工作原理，现在我们谈谈它在发电厂、变电站的作用。电气运行人员都知道，对于运行中的断路器，它的信号指示灯一闪光，就证明将出现一危险的紧急信号，必须非常慎重地对待。它与预告信号有着同等重要的作用。

如用控制开关 KK 操作断路器在"预备跳闸"或"预备合闸"位置时，由图 3-6 可以知道，它都会闪光的。在运行中的断路器，因某种原因保护装置动作或断路器脱扣跳闸时，除有事故音响外，还有相应的保护出现掉牌和光字，并有断路器和控制开关因位置不对应（断路器已跳闸，控制开关还在合闸位置）而发生的闪光，这样便于查找是哪个断路器跳闸，也有一些断路器（大多是 $6\sim10$kV 断路器）的控制回路没有闪光回路，只有事故音响及光字、掉牌等，值班人员是根据保护装置掉牌及断路器的实际开合位置进行查找的。总之，闪光装置是电气运行值班人员判断、分析异常状态的依据，但也不等于运行中有闪光就有断路器跳闸。假如（＋）SM 和某个回路的负极有短路存在，就会造成闪光。此时要根据各种表计的显示和有无其它信号进行综合分析。如果经分析判断出断路器没有跳闸，保险也没熔断，就应查找直流回路有无短路点存在。原因查清后，应采取措施，正确处理。

第四章 输电线路继电保护装置
的二次回路图

35kV 及以下的输电线路一般配置过电流和速断（或限时速断）保护及三相一次自动重合闸装置。当有两个及以上电源需并列运行时，为了满足选择性的要求，过电流、速断保护需带方向性，称为方向过电流保护和方向速断保护。

对于阻抗参数相近的双回线路，有条件的应配置横联差动保护（简称横差）装置。

在 110kV 环网中一般配置相间距离保护装置、方向零序电流保护及检定重合闸装置。对于 220kV 系统，应配置相间距离保护、方向零序电流保护、高频保护及综合重合闸装置。

对于中性点不接地系统，保护装置用的电流互感器应为 A、C 两相，并接成不完全星形方式；对于中性点直接接地系统，A、B、C 三相均装置电流互感器，并接成三相完全星形方式。

本章对以上所述的继电保护及自动装置的二次回路识图方法加以说明。

第一节 过电流、速断保护及自动
重合闸的二次回路图

在继电保护和自动装置中，本节所述的二次回路是最简单、最基本的内容，也是工作中经常接触的设备，见图 4-1、图 4-2、图 4-3。

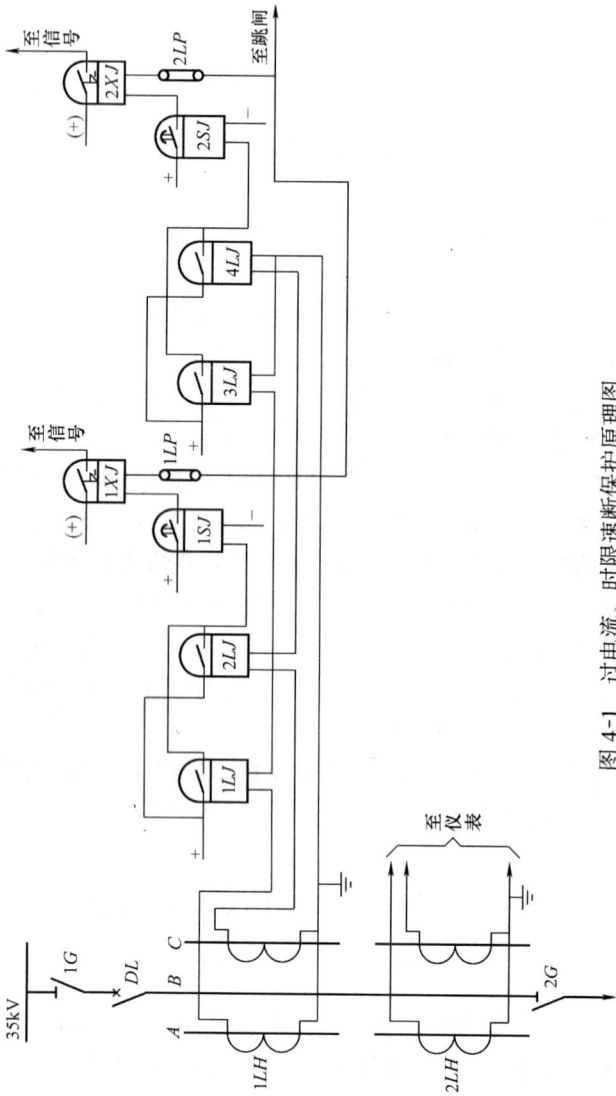

图 4-1 过电流、时限速断保护原理图

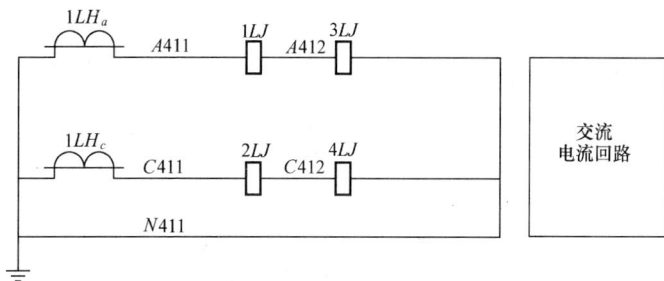

图 4-2　交流电流回路展开图

现以图 4-3 为例说明过电流、时限速断及自动重合闸和控制回路的动作过程。

若图中所示断路器是在合闸位置，其常开辅助触点 DL_1 在闭合，常闭辅助触点 DL_2、DL_3、DL_4 断开。

从图 4-1 和 4-2 中可知，此 35kV 线路上配置的继电保护装置有过流、时限速断保护，电流互感器接成不完全星形。又从图 4-3 中可知，本线路上还装有三相重合闸 ZCH，并采用电气自动控制装置。下面分述其动作过程：

一、时限速断保护动作跳闸过程（见图 4-3）

时限速断保护动作跳闸过程如下：

（1）$+BM \rightarrow 3RD \rightarrow 1LJ$（$2LJ$）$\rightarrow 1SJ$ 线圈 $\rightarrow 2RD \rightarrow -KM$，回路接通，起动延时继电器 $1SJ$，经其整定时间，常开触点闭合。

（2）$+BM \rightarrow 3RD \rightarrow 1SJ \rightarrow 1XJ \rightarrow 1LP \rightarrow TBJ$ 线圈 $\rightarrow DL_1 \rightarrow TQ \rightarrow 2RD \rightarrow -KM$，回路接通，断路器跳闸。

二、过电流保护跳闸过程（见图 4-3）

过电流保护跳闸过程如下：

（1）$+BM \rightarrow 3RD \rightarrow 3LJ$（$4LJ$）$\rightarrow 2SJ$ 线圈 $\rightarrow 2RD$ ▸

95

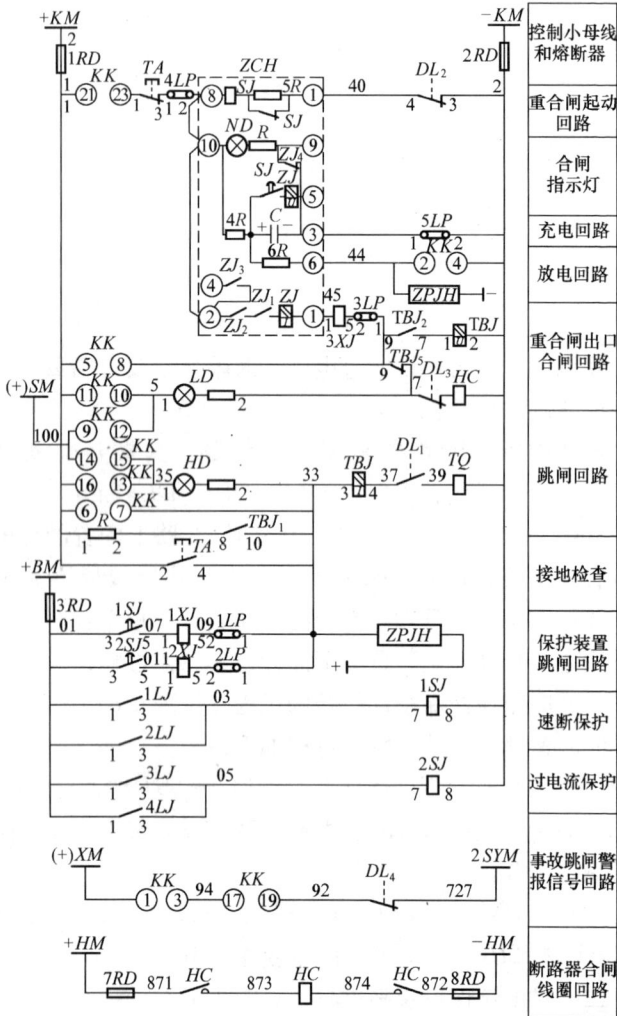

图 4-3 过电流保护、时限速断保护、重合闸及控制回路的
直流展开图

$-KM$,回路接通，起动延时继电器 $2SJ$，经其整定时间，常开触点闭合。

（2）$+BM \rightarrow 3RD \rightarrow 2SJ \rightarrow 2XJ \rightarrow 2LP \rightarrow TBJ$ 线圈 $\rightarrow DL_1 \rightarrow TQ \rightarrow 2RD \rightarrow -KM$，回路接通，断路器跳闸。

三、事故跳闸警报信号回路

事故音响信号是采用不对应原理来实现的。图 4-3 中控制开关 KK_{1-3} 与 KK_{17-19} 触点相串联，只有控制开关 KK 在"合闸后"位置才接通。正常运行时，断路器在合闸位置，其辅助触点 DL_4 在断开位置。当事故跳闸后，断路器的辅助触点 DL_4 闭合，控制开关 KK 仍在"合闸后"位置，通过：

（+）$XM \rightarrow KK_{1-3} \rightarrow KK_{17-19} \rightarrow DL_4 \rightarrow 2SYM$ 回路，发出事故音响信号。

四、控制回路

由于正常运行时，通过断路器的辅助触点 DL 准备好下一步的操作，即：当断路器在合闸位置时，已准备好的是跳闸回路；当断路器在跳闸位置时，已准备好的是合闸回路。所以，断路器的辅助触点 DL_1 在合闸位置时应闭合，辅助触点 DL_2、DL_3 和 DL_4 在跳闸位置时应闭合。

红灯"HD"是监视跳闸回路的，绿灯"LD"是监视合闸回路的。当红灯亮时，不仅说明断路器在合闸位置，也说明断路器的跳闸回路良好。当绿灯亮时，不仅说明断路器在跳闸位置，也说明断路器的合闸回路无问题。

控制回路操作过程说明：

1. 当手动操作控制开关 KK 手把合闸时

（1）控制开关 KK 向顺时针方向转 90°至"预备合闸"位置，经（+）$SM \rightarrow KK_{9-10} \rightarrow LD \rightarrow DL_3 \rightarrow HC \rightarrow 2RD \rightarrow$

—KM,回路接通,绿灯闪光。

(2) 控制开关 KK 手把向顺时针方向转动 45°至"合闸"位置,经+KM→1RD→KK_{5-8}→TBJ_5→DL_3→HC→2RD→—KM,回路接通,断路器合闸。

(3) 当控制开关 KK 手把被松开后,立即向反时针方向返回 45°至"合闸后"位置,经+KM→1RD→KK_{16-13}→HD→TBJ→DL_1→TQ→2RD→—KM,回路接通,红灯亮。

2. 当手动操作控制开关 KK 手把跳闸时

(1) 控制开关 KK 手把向反时针方向转 90°至"预备跳闸"位置,经(+)SM→KK_{14-13}→HD→TBJ→DL_1→TQ→2RD→—KM,回路接通,红灯闪光。

(2) 控制开关 KK 手把向反时针方向转动 45°至"跳闸"位置,经+KM→1RD→KK_{6-7}→TBJ→DL_1→TQ→2RD→—KM,回路接通,断路器跳闸。

(3) 当控制开关 KK 手把被松开后,自动向顺时针方向转动 45°至"跳闸后"位置,经+KM→1RD→KK_{11-10}→LD→DL_3→HC→2RD→—KM,回路接通,绿灯亮。

3. 继电保护动作断路器跳闸时

当断路器由过流或时限速断保护装置动作跳闸时,断路器与控制开关位置不对应,经(+)SM→KK_{9-12}→LD→DL_3→HC→2RD→—KM,回路接通,绿灯闪光。

当控制开关 KK 手把在"跳闸后"位置,断路器与控制开关位置对应,经+KM→1RD→KK_{11-10}→LD→DL_3→HC→2RD→—KM,回路接通,绿灯亮。

五、重合闸回路

图 4-3 中的重合闸是三相一次重合闸,下面介绍它的动作情况。

1. 重合闸的充电回路

当断路器合闸后，重合闸继电器 ZCH 中的电容 C 经 $+KM \rightarrow 1RD \rightarrow KK_{21-23} \rightarrow TA \rightarrow 4LP \rightarrow ZCH_{8-10} \rightarrow 4R \rightarrow C \rightarrow 5LP \rightarrow 2RD \rightarrow -KM$ 通路充电，直至充满。

2. 重合闸的合闸回路

当线路上发生故障，继电保护装置动作断路器跳闸或由其它原因造成断路器跳闸后，经以下回路起动重合闸继电器将断路器自动合上，即经 $+KM \rightarrow 1RD \rightarrow KK_{21-23} \rightarrow TA \rightarrow 4LP \rightarrow SJ \rightarrow DL_2 \rightarrow 2RD \rightarrow -KM$，回路接通；起动 ZCH 中的时间继电器 SJ，其 SJ 的常闭触点打开，SJ 的线圈串入热稳定电阻 $5R$，其延时触点经一整定的时限闭合。此时，电容 C 向 ZJ 中间继电器放电，ZJ 起动，其常开触点 ZJ_1、ZJ_2 闭合，一方面使 ZJ 自保持，另一方面接通合闸回路，即：

$+KM \rightarrow 1RD \rightarrow KK_{21-23} \rightarrow TA \rightarrow 4LP \rightarrow ZCH_{8-10-2} \rightarrow ZJ_2 \rightarrow ZJ_1 \rightarrow ZJ$ 线圈 $\rightarrow 3XJ \rightarrow 3LP \rightarrow TBJ_5 \rightarrow DL_3 \rightarrow HC \rightarrow 2RD \rightarrow -KM$，回路接通，断路器合闸。断路器合上后，其辅助触点 DL_3 断开，重合闸继电器复归，电容 C 再次开始充电，准备下次动作。

3. 重合闸的放电回路

当手动操作使断路器跳闸，或低周保护 $ZPJH$ 动作使断路器跳闸，或其它保护装置动作使断路器跳闸而不需要重合闸动作时，都应将重合闸的放电回路接通，即：

$C_+ \rightarrow 6R \rightarrow KK_{2-4} \rightarrow 2RD \rightarrow -KM$；

$C_+ \rightarrow 6R \rightarrow \boxed{ZPJH} \rightarrow -$.

4. 重合闸只动作一次的原因

当重合闸动作后，使断路器合闸送电到永久性故障上，继电保护装置动作使断路器再次跳闸，因重合闸内电容 C 充电不满，ZJ 继电器不能起动（电容 C 一般需充电 $15\sim25s$），从而保证了重合闸只动作一次的要求。

第二节 方向过电流保护的二次回路图

在双侧电源辐射形网络和单侧电源环形网络中，有一个共同的特点是：任何一个负荷都能从两端供电，如图 4-4（a）、（b）所示。当一端发生故障（例如 D_1 点发生短路）时，断路器 1、2 跳闸；如 D_2 点发生短路，保护装置动作应将断路器 3、4 跳闸），负荷仍能从另一端电源得到供电，可见这种网络大大提高了供电的可靠性。

根据以上网络的特点，当系统发生故障时，要求继电保护装置能迅速地有选择性地将故障点两侧的断路器跳开，使故障部分脱离系统，以保证变电所其它无故障部分继续运行。对于这种要求，一般的过电流保护是无法满足的。因为根据过电流保护的阶梯时限特性，当 D_1 点短路时，断路器 2 应比断路器 3 先跳闸，也就是说断路器 2 的保护动作时间小于断路器 3 的保护动作时间，即 $t_2 < t_3$；当 D_2 点发生短路时，又要求断路器 3 比断路器 2 先跳闸，即 $t_2 > t_3$。显然，如果在断路器 2 和 3 处安装一般的过电流保护，它们的动作时间是无法选择的，即满足了 D_1 点短路时的选择性（$t_2 < t_3$），就不能满足 D_2 点短路时的选择性（$t_2 > t_3$），这就是说，一般的过电流保护满足不了与图 4-4（a）、（b）相类似网络的选择性。

为了解决以上矛盾，将断路器 2 和断路器 3 的过电流保护改为方向过电流保护即可。

(a)

(b)

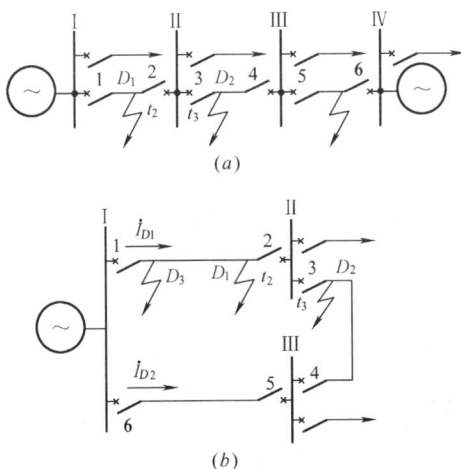

图 4-4　供电网络图

(a) 两侧电源辐射网；(b) 单侧电源环形网

判断短路功率的方向，一般用功率方向继电器（这种功率方向继电器的外部接线采用 $90°$ 接线方式，即通入继电器内部的电流与加入内部的电压在相位上差 $90°$（如 $\dot{I}_A$ 电流，$\dot{U}_{B \cdot c}$ 电压）。当短路电流从母线流向线路时，此方向继电器动作；若短路电流从线路流向母线时，方向继电器就不动作。这样，若图 4-4 (a)、(b) 网络中仍为 D_1、D_2 点短路，就能满足有选择性地切除故障的要求。例如，当 D_1 点短路时，短路电流一部分从断路器 1 流向 D_1 点，另一部分从断路器 3 和 2 流向 D_1 点，但对于断路器 3 装设的功率方向继电器感受到的方向是从线路流向母线的，所以方向继电器就不动作；而断路器 2 装设的功率方向继电器感受到的短路电流是从母线流向线路的，所以，方向继电器就动作。若 D_2

点发生短路时，对于断路器 2 装设的方向继电器感受到的短路电流的方向，是从线路流向母线的，所以不动作；而断路器 3 装设的方向继电器感受到的短路电流是从母线流向线路的，所以就动作。因此，满足了选择性的要求。

一、方向过电流保护的二次接线图

构成方向过电流保护装置的接线图，需要考虑许多因素，图 4-5 就是方向过电流保护两相式接线的一个例子。电流起动元件 LJ_A、LJ_C 分别接入相电流 $\dot{I}_A$ 和 $\dot{I}_C$。起动元件动作后，分别将直流电源正极引入属于同一相的方向元件 G_A 和 G_C 的触点处，这样连接就叫按相起动。时间元件 SJ 是两相保护共用的，起动后，触点经过整定的时间延时闭合，并通过信号继电器 XJ 接通跳闸回路。

二、方向过电流保护动作过程 ［见图 4-5 （d）］

1. 当 A、B 两相发生短路故障时

当 AB 两相发生短路故障时，首先起动元件 LJ_A（电流继电器）动作，然后，方向继电器 G_A 动作，将直流正极加到时间继电器 SJ 线圈上，起动了 SJ。经一整定时间，SJ 的常开触点闭合，起动信号继电器 XJ，接通跳闸回路。即

直流＋→LJ_A→G_A→SJ 线圈→直流－，起动 SJ。

直流＋→SJ→XJ→$1DL$→TQ→直流－，接通跳闸回路。断路器跳闸，切除故障。

2. 当 B、C 两相发生短路故障时

其保护动作过程同 A、B 两相，即：

直流＋→LJ_C→G_C→SJ 线圈→直流－，起动 SJ。

直流＋→SJ→XJ→L_P→$1DL$→TQ→直流－，接通跳闸回路。

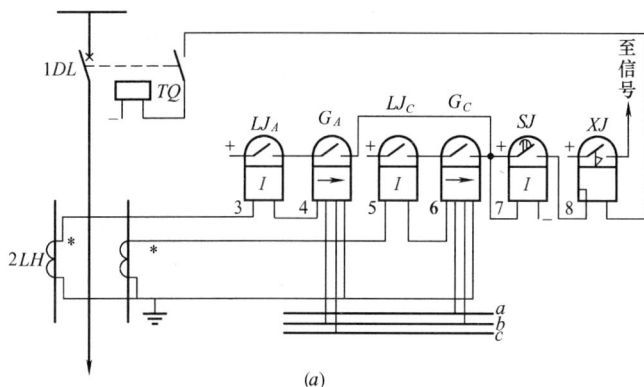

(a)

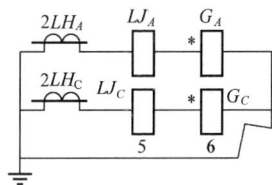

(b)

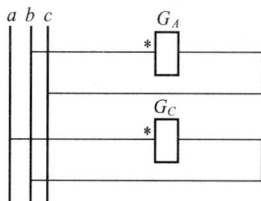

(c)

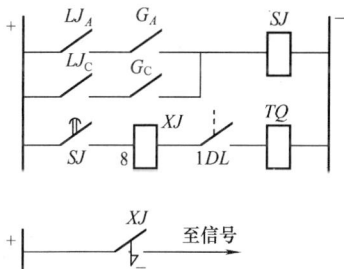

(d)

图 4-5　方向过流保护二次回路图

(a) 原理图；(b) 交流电流回路展开图；(c) 交流电压回路展开图；

(d) 直流回路展开图

第三节 双回线路横联差动方向
保护的二次回路图

一、横联差动方向保护动作原理

在双回线路上，如果每回线路的两侧都装有断路器，当其中任何一回线发生故障时，保护装置应当只切除故障线路，以保证另一条非故障线路照常给用户供电。这种保护装置就是反应两回线路故障电流之差及方向的横联差动方向保护，其原理接线如图 4-6 所示。

线路两端都有电源时，两端都应装设横联差动方向保护，如图 4-6 所示。对于单电源的双回路，电源侧装横联差动方向保护，而负荷端可以只装设方向过流保护，这样达到了简化保护之目的。

横联差动方向保护是由下列元件组成的，如图 4-6 所示。

（1）起动元件：通常是由电流继电器作起动元件，反应两回线路的电流之差。当在双回线路外部发生故障时，保护装置不动作；当在任何一回线路内部发生故障时，保护装置均起动。

（2）功率方向元件：通常是用功率方向继电器作功率方向元件，反应两回路中电流之差的方向。一般用两块方向继电器按反方向连接，用以在双回线路内部故障时有选择性地切除故障线路。

通常双回线路的参数基本相同，两回线路同一侧用的电流互感器是同型号的。保护装置按环流法（即差接）接线，通过电流继电器和功率方向继电器电流线圈的电流为

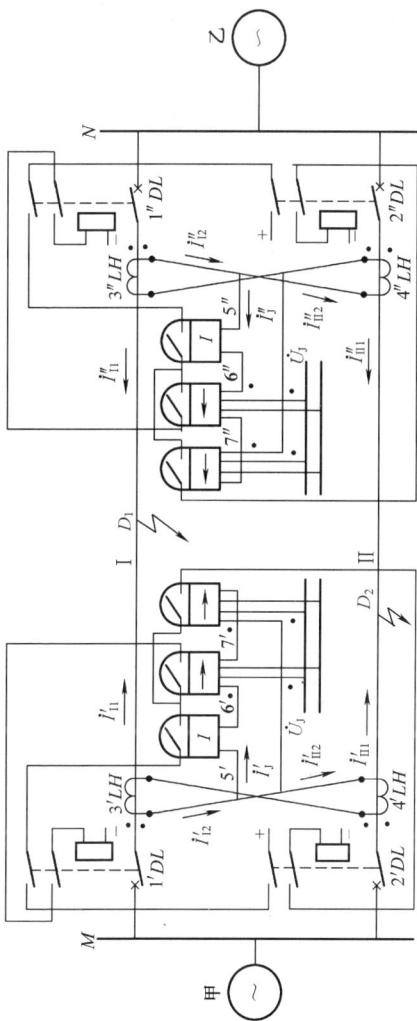

图4-6 横联差动方向保护的原理接线图

105

$$\dot{I}_j = \dot{I}_1 - \dot{I}_2$$

方向继电器的电压线圈由母线上的电压互感器供电，一般按 $90°$ 接线方式连接。

现以图 4-6 为例，说明其动作原理。

在正常运行或外部发生短路时，流过起动元件的电流为两条线路的不平衡电流，即

$$\dot{I}_j = \dot{I}_1 - \dot{I}_2 = \dot{I}_{bp}$$

此值很小，起动元件（电流继电器）不会动作。方向继电器在不平衡电流的作用下有可能动作，但由于起动元件不动作，所以整套保护是不会动作的。

当线路内部发生短路时，电源侧（母线侧）横差保护动作情况：若在线路 I 上的 D_1 点处发生短路时，则 $\dot{I}'_{I1} > \dot{I}'_{II1}$，两条线路的差电流为 $\dot{I}'_j = \dot{I}'_{I1} - \dot{I}'_{II1}$；若在线路 II 上的 D_2 点处发生短路时，则 $\dot{I}'_{II1} > \dot{I}'_{I1}$，此时的差电流为 $-\dot{I}'_j = \dot{I}'_{I1} - \dot{I}'_{II1}$。

当线路 I 内部发生故障时，通过方向继电器的差电流 $\dot{I}_j$ 使方向继电器 $6'$ 动作，跳 $1'DL$；当线路 II 内部发生故障时，其差电流 $\dot{I}_j$，使方向继电器 $7'$ 动作，跳 $2'DL$。

从以上分析可知，当线路 I 内部发生短路时，两回线的差电流 $\dot{I}'_j$ 使启动元件 $5'$ 和方向继电器 $6'$ 动作，跳掉线路 I 的断器器 $1'DL$。由于电源端 $1'DL$ 的跳闸，线路 I 对端的断路器 $1''DL$，也在差电流的作用下，使起动元件 $5''$ 和方向继电器 $6''$ 动作，将 $1''DL$ 断路器跳闸。从而切除了 D_1 点的短路故障，确保线路 II 照常供电。

同理，当线路 II 的 D_2 点发生短路时，两端的横联差动

保护有选择地将断路器 $2'DL$、$2''DL$ 跳闸,切除 D_2 点短路故障,确保线路 I 照常供电。

二、横联差动方向保护的二次回路

从图 4-7 可知:

(1)电流互感器采用"差接",I 回线 A 相的电流互感器 $1LH_a$ 的极性点与 II 回线的电流互感器 $1'LH_a$ 的非极性点相连。两回线路的 C 相电流互感器也是如此连接。

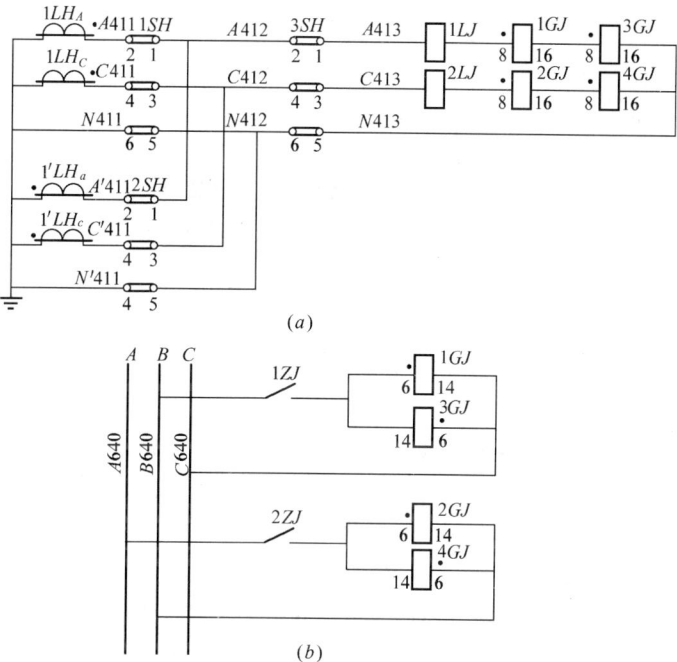

(a)

(b)

图 4-7 横联差动方向保护的交流回路展开图

(a) 交流电流回路;(b) 交流电压回路

（2）方向继电器 GJ 采用 90°的接线方式，其优点是发生任何两相短路时，方向继电器都不存在死区。如 A 相的 $1GJ$，电流为 $\dot{I}_A$，而电压则为 $\dot{U}_{BC}$，所以为 90°接线。如图 4-8 所示。

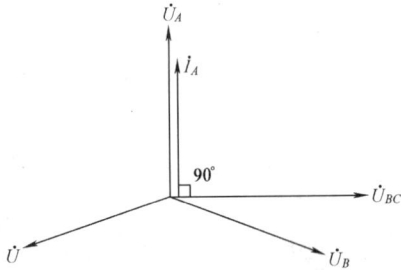

图 4-8　方向继电器外部接线相量图

（3）同相中的两块方向继电器电流回路和电压回路均为异极性相连。如 A 相的 $1GJ$ 和 $3GJ$，其电流回路为 $1GJ$ 的非极性点 16 与 $3GJ$ 的极性点 8 相连；其电压回路为 $1GJ$ 的极性点 6 与 $3GJ$ 的非极性点 14 相连。

下面将图 4-9 的回路加以说明：

（1）电流起动回路：当发生两相或三相短路时，若短路电流达到电流继电器 $1LJ$、$2LJ$ 的动作值，则保护装置开始起动。A 相起动回路中的元件为 $1LJ$、$1ZJ$，C 相起动回路中的元件为 $2LJ$、$2ZJ$。

（2）出口回路：当起动元件动作后，若方向继电器也动作，则出口中间继电器 BCJ 即动作，并使其常开触点闭合，跳开断路器。图 4-9 中的 $1BCJ$ 是跳Ⅰ回线断路器的出口中间继电器，$2BCJ$ 是跳Ⅱ回线断路器的出口中间继电器。

（3）自保持回路：当出口中间继电器动作后，为使其可

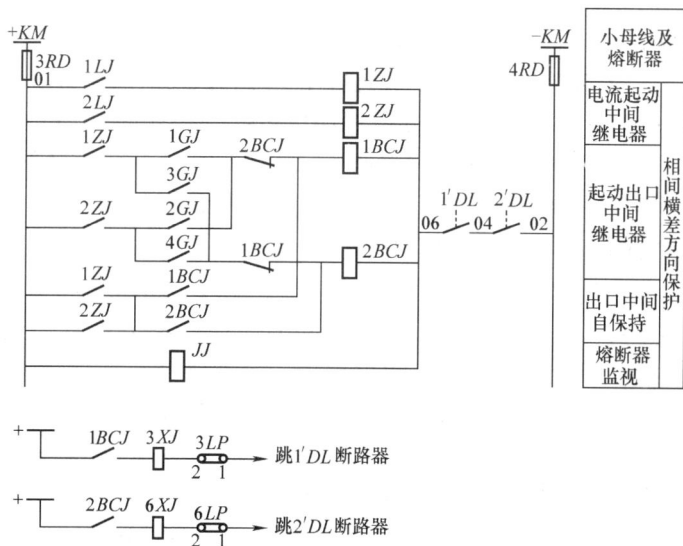

图 4-9 横联差动方向保护的直流展开图

靠地跳开断路器，故加了自保持回路。其回路详见图 4-9 中的"出口中间自保持"部分。

（4）直流熔断器监视回路：当发生熔断器熔断或由于其它原因使保护失去直流电源时，继电器 JJ 动作，发出信号或有光字显示，并有音响。

（5）闭锁回路：为了防止两回线路中任何一回线路的断路器跳闸后，横联差动方向保护装置误动作，故设置了闭锁回路，详见图 4-6 中的 $1'DL$、$2'DL$ 部分。其闭锁回路由 I 回线断路器 $1'DL$ 和 II 回线断路器 $2'DL$ 的辅助触点相串联而成。若任何一回线的断路器跳闸后，都可将横联差动方向保护的直流回路断开，使保护装置不动作。这样就防止了仅在任何一回线路运行的情况下，当负荷电流过大或发生穿越性故障时而造成的横联差动方向保护的误动作。

（6）发生故障时保护装置的动作过程：

1）Ⅰ回线路发生 A、B 两相短路时：

$+KM \rightarrow 3RD \rightarrow 1LJ \rightarrow 1ZJ$ 线圈 $\rightarrow 1'DL \rightarrow 2'DL \rightarrow 4RD \rightarrow -KM$，回路接通，起动 $1ZJ$，其两对常开触点闭合，分别接通跳闸回路和自保持回路；

跳闸回路：$+KM \rightarrow 3RD \rightarrow 1ZJ \rightarrow 1GJ \rightarrow 2BCJ \rightarrow 1BCJ$ 线圈 $\rightarrow 1'DL \rightarrow 2'DL \rightarrow 4RD \rightarrow -KM$，回路接通，起动出口中间继电器 $1BCJ$。

自保持回路：$+KM \rightarrow 3RD \rightarrow 1ZJ \rightarrow 1BCJ \rightarrow 1BCJ$ 线圈 $\rightarrow 1'DL \rightarrow 2'DL \rightarrow 4RD \rightarrow -KM$。

2）Ⅰ回线路发生 B、C 相短路时：

$+KM \rightarrow 3RD \rightarrow 2LJ \rightarrow 2ZJ$ 线圈 $\rightarrow 1'DL \rightarrow 2'DL \rightarrow 4RD \rightarrow -KM$，回路接通，起动 $2ZJ$，其两对触点闭合，分别接通跳闸回路和自保持回路；

跳闸回路：$+KM \rightarrow 3RD \rightarrow 2ZJ \rightarrow 2GJ \rightarrow 2BCJ \rightarrow 1BCJ$ 线圈 $\rightarrow 1'DL \rightarrow 2'DL \rightarrow 4RD \rightarrow -KM$，回路接通，起动出口中间继电器 $1BCJ$。

自保持回路：$+KM \rightarrow 3RD \rightarrow 2ZJ \rightarrow 1BCJ \rightarrow 1BCJ$ 线圈 $\rightarrow 1'DL \rightarrow 2'DL \rightarrow 4RD \rightarrow -KM$。

3）Ⅰ回线路发生 A、B、C 三相短路时：起动元件 $1LJ$、$2LJ$、$1ZJ$、$2ZJ$ 均动作。方向继电器 $1GJ$、$2GJ$ 均动作。

这样，Ⅰ回线路的出口中间继电器有两个起动回路：

其一：$+KM \rightarrow 3RD \rightarrow 1ZJ \rightarrow 1GJ \rightarrow 2BCJ \rightarrow 1BCJ$ 线圈。

其二：$+KM \rightarrow 3RD \rightarrow 2ZJ \rightarrow 2GJ \rightarrow 2BCJ \rightarrow 1BCJ$ 线圈。

当Ⅱ回线路发生 A、B；B、C 及三相短路时，保护装置的动作程序同Ⅰ回线路的，但方向继电器应为 3GJ、4GJ，出口继电器应为 2BCJ，这里不再重述。

第四节　零序电流方向保护的二次回路图

零序电流方向保护装置作为 110kV 及以上的中性点直接接地系统高压输电线路切除接地故障的主保护。这种保护简单、灵敏、可靠。由于电力系统正常运行和发生相间故障时，不会出现零序电流，因此，零序保护的动作电流可以整定得较小，而发生单相接地故障时，其故障电流又很大，所以灵敏度高。同时，零序电流保护的动作时间和相间保护相比也是比较短的。由于这种保护存在以上优点，在中性点直接接地系统中得到了广泛的应用。

为了满足选择性的要求，保护的动作时间整定为阶梯式。其中，一段动作时间整定为 0s，它不能保护本线路的全长；二段动作时间较一段的长，$\Delta t = 0.5s$，一般可保护全线路而且还可做为下一级线路的一部分后备保护；保护的第三段与相邻线路的零序保护相配合，做为本线路的近后备保护和相邻线路的远后备保护；第四段保护做为第三段保护的后备保护。

注意，通过保护动作值的计算，若灵敏度能够满足要求，第四段零序保护可以不加。

现以图 4-10 为例，说明二次回路的识别方法。

一、交流回路说明

从图 4-10 (a) 中可知，零序电流方向保护和相间距离保护共用一组电流互感器，即由 A、B、C 三相电流互感器

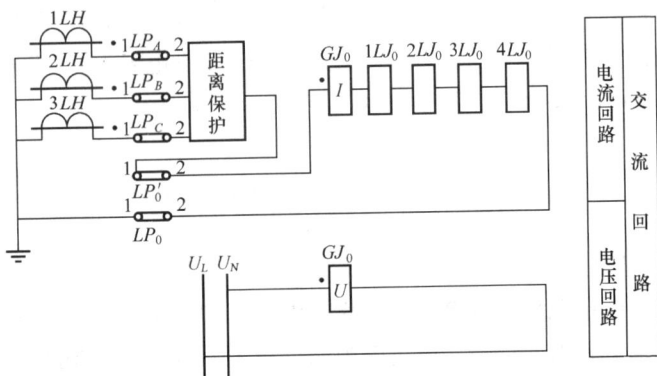

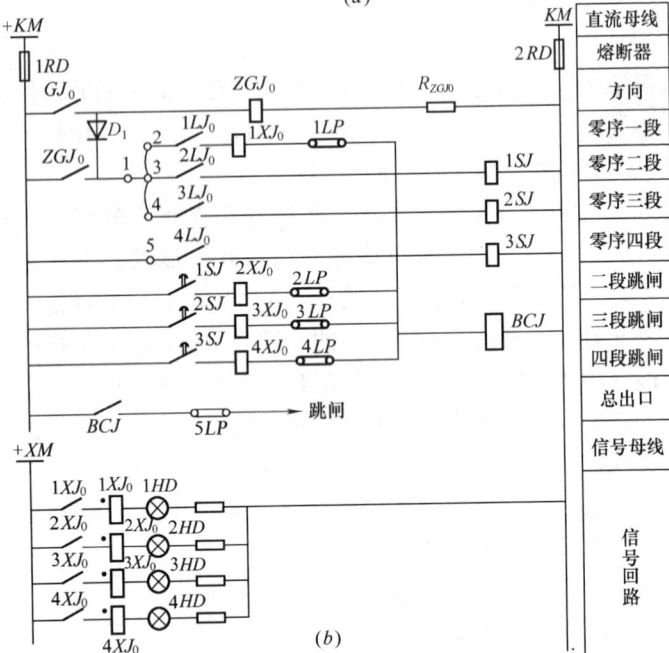

图 4-10　零序电流方向保护二次回路

(a) 交流回路展开图；(b) 直流回路展开图

$1LH$、$2LH$、$3LH$ 组成零序电流滤过器。零序电流保护装置有四段，电流继电器 $1LJ_0$、$2LJ_0$、$3LJ_0$、$4LJ_0$ 分别为零序一段、二段、三段、四段的测量元件。交流电流的"正"极性点进入 GJ_0 的电流线圈的正极，而交流电压的"正"极性点 U_L 则进入 GJ_0 的电压线圈的负极，即：采用的是"$+I_0$，$-U_0$ 的接线方式"。

电流互感器共装了 5 个电流连接片 LP_A、LP_B、LP_C、LP_0'、LP_0，其目的是为了工作方便。例如，据系统要求或工作要求，需停用距离保护而零序保护仍投入运行，此时可用短路线将连接片 LP_A、LP_B、LP_C、LP_0' 的"1"相连，然后再断开 LP_A、LP_B、LP_C 即可。若需停零序保护而距离保护仍投入运行，则将连片 LP_0'、LP_0 的"1"相连，而后断开 LP_0'、LP_0 即可。

二、直流回路说明

从图 4-10 (b) 中可以看出，装置中的零序功率方向继电器 GJ_0 动作后起动零序功率重动继电器 ZGJ_0（即增加一个中间继电器），其原因是：一般 GJ_0 选用 LG-12 型功率继电器，由于它的执行元件极化继电器的触点数量少、并且切断容量小，因此增加了 ZGJ_0。同时，为了使保护的动作时间不受 ZGJ_0 的影响，设有隔离二极管 D_1，用以旁路 ZGJ_0 的触点，并使 ZGJ_0 不能通过其常开触点构成自保持回路。

在图 4-10 (b) 中，零序一至三段带有方向，而四段不带方向。这是根据保护定值计算而确定的，主要考虑能否满足选择性的要求。若通过整定计算，一、二段带方向，而三、四段不带方向，则应将 3、4 之间连线断开，并将 4 和 5 相连即可。

当发生线路接地故障后，保护的动作过程如下：

113

1. 一般保护动作

$+KM \rightarrow 1RD \rightarrow GJ_0 \rightarrow ZGJ_0$ 线圈 $\rightarrow R_{ZGJ_0} \rightarrow 2RD \rightarrow -$
KM,回路接通,起动重动继电器 ZGJ_0,并通过 D_1 将直流
"$+$"电源加到端子 1,ZGJ_0 的常开触点闭合。

一段的跳闸回路为:

$+KM \rightarrow 1RD \rightarrow D_1$（或 ZGJ_0）$\rightarrow 1LJ_0 \rightarrow 1XJ_0 \rightarrow 1LP \rightarrow$
BCJ 线圈 $\rightarrow 2RD \rightarrow -KM$,回路接通,起动 BCJ。

$+KM \rightarrow BCJ \rightarrow 5LP$,接通跳闸回路。另外,信号回路
表示为

$+XM \rightarrow 1XJ_0 \rightarrow 1XJ_0$ 线圈 $\rightarrow 1HD \rightarrow 2RD \rightarrow -KM$。

2. 二段保护动作

其跳闸回路为:

$+KM \rightarrow 1RD \rightarrow D_1$（或 ZGJ_0）$\rightarrow 2LJ_0 \rightarrow 1SJ$ 线圈 $\rightarrow$
$2RD \rightarrow -KM$,回路接通,起动时间继电器 $1SJ$。

$+KM \rightarrow 1RD \rightarrow 1SJ \rightarrow 2XJ \rightarrow 2LP \rightarrow BCJ$ 线圈 $\rightarrow 2RD \rightarrow$
$-KM$,起动总出口继电器 BCJ。

$+KM \rightarrow 1RD \rightarrow BCJ \rightarrow 5LP \rightarrow$接通跳闸回路,并通过信
号回路 $+XM \rightarrow 2XJ_0 \rightarrow 2HD \rightarrow 2RD \rightarrow -KM$,发出信号。

3. 三段保护动作

$+KM \rightarrow 1RD \rightarrow D_1$（或 ZGJ_0）$\rightarrow 3LJ_0 \rightarrow 2SJ$ 线圈 $\rightarrow$
$2RD \rightarrow -KM$,回路接通,起动时间继电器 $2SJ$。

$+KM \rightarrow 1RD \rightarrow 2SJ \rightarrow 3XJ_0 \rightarrow 3LP \rightarrow BCJ$ 线圈 $\rightarrow 2RD \rightarrow$
$-KM$,起动总出口继电器 BCJ。

$+KM \rightarrow 1RD \rightarrow BCJ \rightarrow 5LP \rightarrow$接通跳闸回路,并通过信
号回路: $+XM \rightarrow 3XJ_0 \rightarrow 3HD \rightarrow 2RD \rightarrow -KM$,发出信号。

4. 四段保护动作

$+KM \rightarrow 1RD \rightarrow 4LJ_0 \rightarrow 3SJ$ 线圈 $\rightarrow 2RD \rightarrow -KM$,回路

接通，起动时间继电器3SJ。

$+KM \rightarrow 1RD \rightarrow 3SJ \rightarrow 4XJ_0 \rightarrow 4LP \rightarrow BCJ$ 线圈 $\rightarrow 2RD \rightarrow -KM$，起动总出口继电器 BCJ。

$+KM \rightarrow 1RD \rightarrow BCJ \rightarrow 5LP \rightarrow$ 接通跳闸回路，并通过信号回路 $+XM \rightarrow 4XJ_0 \rightarrow 4HD \rightarrow 2RD \rightarrow -KM$，发出信号。

第五节　距离保护的二次回路图

所谓距离保护，就是反应故障点至保护安装处的距离，并根据距离的远近而确定保护动作时间的一种保护装置（距离越近、动作时间越短），这样就可以保证有选择地切除故障线路。

测量故障点至保护安装处的距离，实际上是用阻抗继电器测量的故障点与保护安装处之间的阻抗值即测量保护安装处电压与电流的比值 $\left(Z = \dfrac{U_J}{I_J} \right)$。将这测量阻抗值与保护安装处至保护区末端之间的整定阻抗值进行比较：当测量阻抗值大于整定阻抗值时（即在阻抗特性圆外），保护不动作；而小于整定阻抗值时（即在阻抗特性圆内），保护就动作。所以，距离保护是由阻抗继电器等元件构成的。

距离保护的动作时间，广泛采用阶梯形的延时特性，一般做为三段式，即有三个动作范围，与其相应的时间有 t^{I}、t^{II}、t^{III}，如图 4-11 所示。

目前，电力系统中广泛采用 LH-11 型整流式的距离保护，现以此为例，对其二次回路进行介绍。

LH-11 型距离保护装置是用于中性点直接接地系统的成套保护设备。对于中性点直接接地系统的两相短路及两相

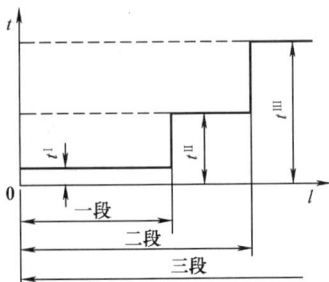

图 4-11 距离保护的阶梯
形延时特性

接地短路的不对称故障，以及三相对称性故障，均能有选择地予以切除。

保护装置由三个测量元件（1、2ZKJ）、三个起动元件（3ZKJ）、断线闭锁元件（DBJ）、振荡闭锁元件、助磁回路、直流回路等部分所组成。

测量元件和起动元件均按整流原理构成。测量元件为一、二段保护区共用的方向阻抗继电器；起动元件为带偏移特性的阻抗继电器，它除作为三段保护区内的测量元件外，还起动第一、二段的切换回路。测量元件，起动元件与第二、三段时间继电器及电码继电器等构成三段式距离保护装置。振荡闭锁元件是由负序电流元件起动；在系统发生振荡时，闭锁保护的一、二段；而在交流电压回路断线时，还可防止第一、二段误动。振荡闭锁元件不闭锁第三段，原因是第三段整定的动作时间大于振荡周期的时间。

一、测量元件的交流回路

测量元件是由电抗变压器 DKB、整定变压器 YB、极化变压器 JYB、记忆回路、第三相电压引入回路及执行继电器等主要部件组成。如图 4-12 所示。

1. 电抗变压器 DKB

电抗变压器 DKB 的铁芯带有气隙，一次侧有两个绕组 W_1、W_2 它们可接入不同相别的电流，以实现相电流差的接线方式。两个一次绕组在相同匝数处各有三个抽头引到面板

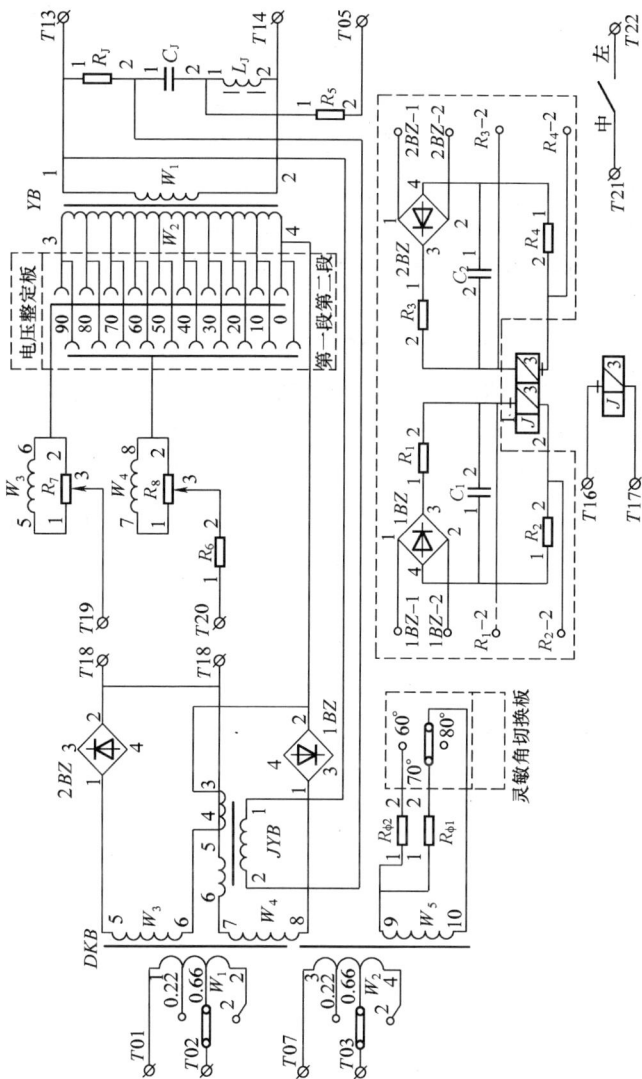

图4-12 测量元件的展开图

117

上，各抽头分别标以"2"、"0.66"、"0.22"，表示 YB 抽头在 100% 时的整定阻抗值。DKB 二次有三个绕组 W_3、W_4、W_5，它们分别被接入制动回路、动作回路和灵敏角调整回路。根据继电保护定值通知单上所给的定值，可选择 DKB 一次绕组的抽头位置，并可调整 W_5 回路中的 R_φ 电阻（满足灵敏角度数的要求），将所要求的阻抗定值整定出来。另外，灵敏角的刻度在面板上有 $60°$、$70°$、$80°$ 三个刻度。

2. 整定变压器 YB

YB 是一个有四个绕组的降压变压器。其一次侧有一个绕组 W_1，二次侧有一个具有十个抽头的主绕组 W_2 和两个均接有微调电阻的副绕组 W_3、W_4。W_2 为距离保护一段和二段公用，其抽头分别引到一段和二段整定板上，为一、二段整定时独立使用；W_3、W_4 分别为一段和二段使用。改变抽头位置和微调电阻的大小，即可改变 YB 的二次总输出电压，以满足继电保护定值通知单中所要求的整定值。在 DKB 抽头不变时，YB 的抽头百分数越小，测量元件的动作阻抗越大。即 YB 在 10% 位置时的动作阻抗值，比在 100% 位置时的动作阻抗值大 10 倍。

3. 记忆回路及极化变压器

LH-11 型距离保护的测量元件中设有记忆回路，它由电阻 R_J，电感线圈 L_J 及电容 C_J 组成。其作用是，记忆保护安装处发生三相短路以前的极化电压（即输入极化变压器 JYB 中的系统电压）的相位，使极化电压在一定时间内不消失，而是按接近 50Hz 的频率衰减，以消除保护安装处正向发生三相短路时保护拒动和发生反向三相短路时的误动。

4. 第三相电压引入回路

第三相电压（不属于本元件所接入的两相电压）经一高

118

阻值电阻 R_5 接到 L_J 和 C_J 之间。当保护安装处发生两相金属性短路而记忆作用消失时，用第三相电压引入回路来提供足够的极化电压，使测量元件能正确工作。

5. 测量元件的阻抗特性圆

从图 4-13 中可知，测量元件的阻抗特性圆，其圆周通过原点，并通过原点的直径落在第一象限。图中 Z_{ZD}、φ_{LM} 分别为保护定值通知单上所要求的阻抗整定值和最大灵敏角。当线路发生相间短路时：若测量到的阻抗值小于整定阻抗 Z_{ZD}（即落到圆内），保护就动作；反之，则不动作。又因该特性圆是通过原点的，所以测量元件的阻抗特性是一个方向阻抗特性。

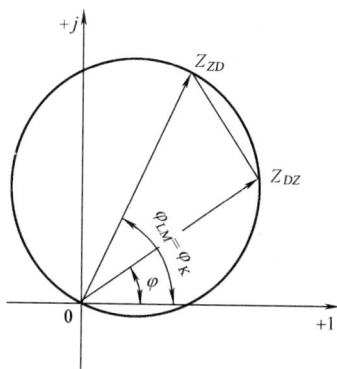

图 4-13　测量元件的阻抗特性圆

二、起动元件的交流回路

1. 起动元件的构成

起动元件是由整定变压器 YB、电抗变压器 DKB、整流滤波回路以及作为执行元件的极化继电器等部分组成，如图 4-14 所示。

整定变压器 YB 供距离保护第三段整定阻抗值用（即距离保护第三段定值），电抗变压器 DKB 的一次绕组 W_1、W_2 没有抽头，二次绕组 W_4 的匝数比 W_3 的匝数多，从而得到向第Ⅲ象限偏移的特性圆。W_5 上的电阻 R_φ 所对应的灵敏角为 $70°$，若需改变灵敏角的大小，可以更换灵敏角电阻 R_φ。

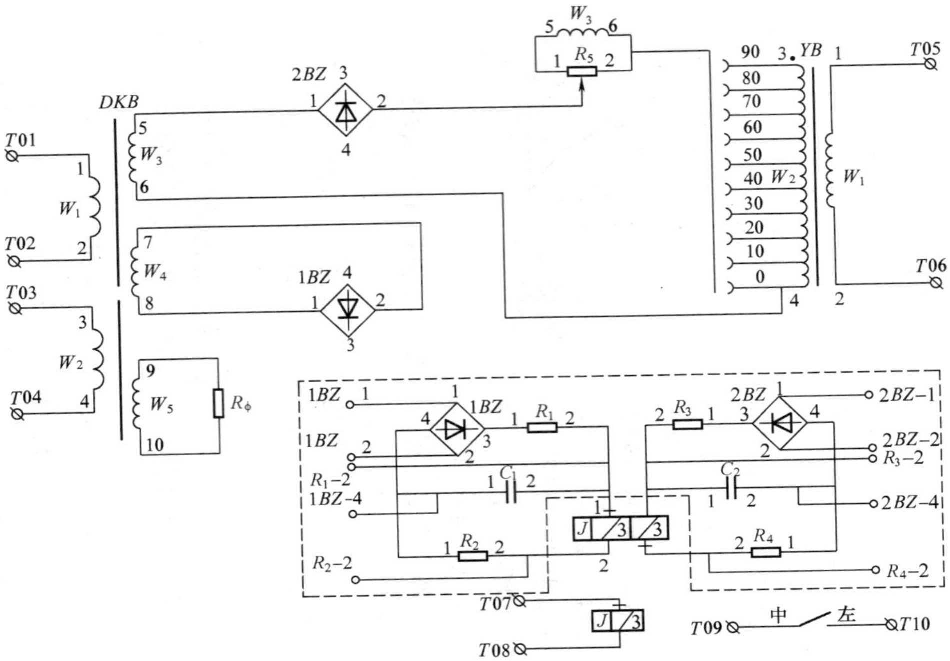

图4-14 起动元件的展开图

2. 起动元件的特性圆

起动元件的特性圆如图 4-15 所示。

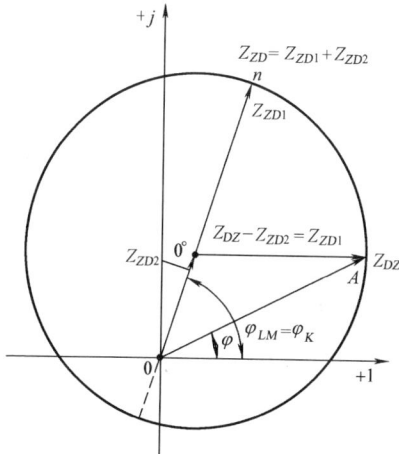

图 4-15　起动元件的特性圆

从图 4-15 中可知，起动元件是不带方向的阻抗继电器，向第Ⅲ象限偏移（一般偏移 $10\%\sim20\%$）。这样做的优点是可防止当保护安装处发生正向三相短路时保护拒动。图 4-15 中的 $0'$ 为圆心，$00'=Z_{ZD2}$，$0'n=Z_{ZD1}$，所以，$0n$ 线段为

$$0n = Z_{ZD1} + Z_{ZD2} = Z_{ZD}$$

三、负序电流元件的交流回路

当系统发生不对称短路或由不对称短路转化为对称短路时，负序电流元件的作用是起动振荡闭锁装置和开放阻抗保护的第一、二段。

1. 负序电流元件的组成

负序电流元件是由负序电流滤过器、整流桥和执行继电器等元件所组成，详见图 4-16。

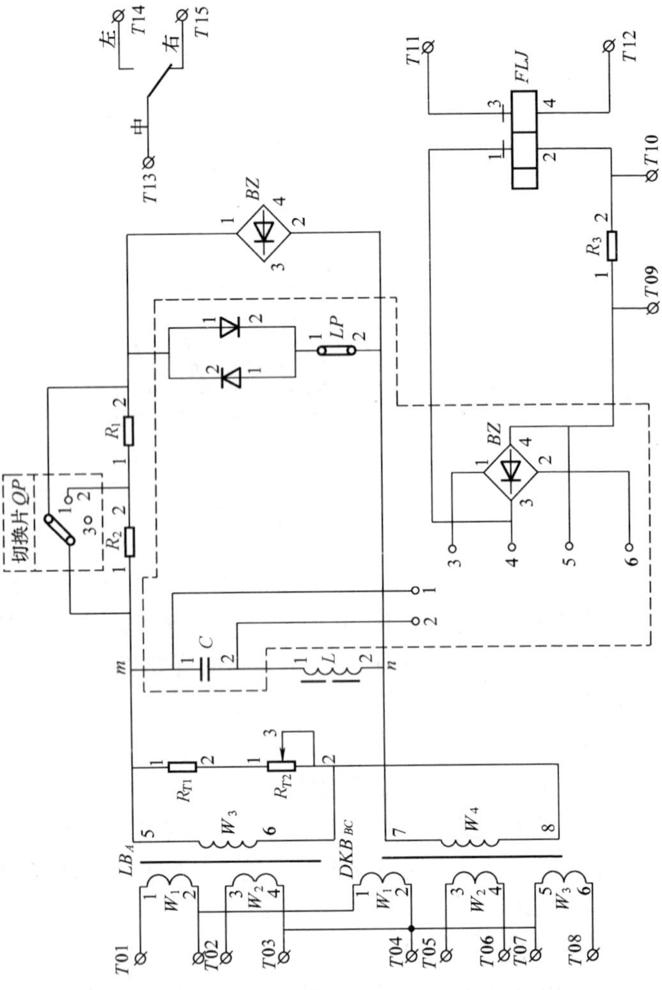

图4-16 负序电流元件交流回路展开图

负序电流滤过器是由变流器 LB_A、电阻 R_T 及电抗变压器 DKB_{BC} 组成。变流器 LB_A 一次侧有两个绕组 W_1、W_2，二次绕组 W_3 并接供调平衡用的电阻 R_T。电抗变压器 DKB_{BC} 一次侧有三个绕组 W_1、W_2、W_3，二次侧有二个绕组 W_3、W_4。

滤过器的 LB_A 和 DKB_{BC} 分别将 A 相电流和 B、C 相电流之差转换成电阻 R_T 上的电压 U_R 和 DKB_{BC} 二次电压 $\dot{U}_{KBC2}$，然后进行比较。LB_A 与 DKB_{BC} 的两个二次绕组 W_3、W_4 反极性相连接。

L、C 回路用以消除 5 次谐波的影响，故称之为 5 次谐波滤过器。

BZ 为整流桥，是由四只三极管组成的单相全波整流电路。

FLJ 为执行继电器，是采用的 JH 型极化继电器。

切换连片 QP 及电阻 R_1、R_2 用以改变负序电流的动作值。

整流桥的交流输入端接有二只限幅二极管，利用它的正向非线性特性，在大电流时限制整流桥 BZ 的输入电压，用以保护整流桥和执行继电器。

R_3 用以提高极化继电器 JH 的返回系数和热稳定性，正常时它被 $7ZJ$ 的触点短接，当振荡闭锁动作时才投入。

2. 负序电流元件的特性

经分析，当负序电流滤过器一次侧流入负序电流时，其二次侧有输出。当负序电流滤过器通入正序或零序电流时，滤过器二次侧无输出，即通入正序或零序电流时

$$\dot{U}_{mn} = 0$$

通入负序电流时

$$\dot{U}_{mn} = 2\dot{U}_R = 2\dot{U}_{KBC2}$$

四、断线闭锁装置的交流回路

断线闭锁装置的功能是用来监视距离保护装置交流电压回路完好性的。当交流电压回路有短路或断线时，断线闭锁装置动作，闭锁距离保护第三段，以防止保护误动，并报出"电压回路断线"信号，伴随有"直流电源断线"信号出现，以便告诉值班人员采取措施进行处理。断线闭锁装置是按照距离保护交流电压回路断线时出现零序电压的原理构成的，其交流回路接线如图 4-17 所示。

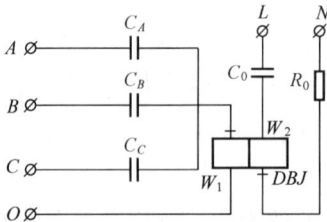

图 4-17　断线闭锁装置
交流回路图

断线闭锁装置的执行继电器 DBJ，为一具有双绕组 W_1、W_2 的瞬动电动式继电器，是按磁平衡原理构成的。W_1 经由 C_A、C_B、C_C 组成的零序电压滤过器接于电压互感器的二次电压回路，作为动作线圈；W_2 经由 R_0、C_0 移相回路接于电压互感器开口三角形的输出端，作为平衡线圈。平衡线圈的作用在于防止一次系统发生接地短路时，电压互感器的二次出现零序电压，断线闭锁将误动作，把第三段保护正电源断开，使保护失去作用。因此，断线闭锁使用的电容、电阻和 W_1、W_2 的匝数比、极性配合等，应保证当一次系统发生接地短路时不致误动作。

电压互感器一、二次侧均正常时，其二次绕组和开口三角形两端均无零序电压输出，断线闭锁装置这时不动作是正

124

确的。但当电压互感器一次侧正常，而二次交流电压回路发生单相或两相断线时，由于零序电压滤过器有输出，而电压互感器开口三角形无输出，这时就只有动作力矩，没有平衡力矩，断线闭锁装置应该动作。当电压互感器二次回路发生接地短路时，在熔断器或快速开关未断开以前，因二次回路有零序电压，零序滤过器有输出，开口三角形无输出，断线闭锁装置动作。电压互感器的二次回路发生两相或三相短路（在电压互感器二次侧的任一相熔断器或快速开关触点并接有适当的电容器）时，当熔断器或快速开关断开后，才有零序电压出现。故当电压互感器二次侧发生相间或三相短路时，要等熔断器或快速开关断开后，断线闭锁才动作。它的本质也就是等零序电压滤过器有输出时才动作。第三段保护时间一般整定较长，断线闭锁虽不能迅速动作，但仍能起到闭锁第三段的作用。

有关距离保护装置的交流回路，按其各部分的作用分别做了以上的介绍，为使大家有一个整体概念和便于学习，现附一交流回路全图，见图 4-18。

五、直流回路

1. 直流回路

直流回路（见图 4-19）主要由实现距离保护三段式阶梯时限特性回路、振荡闭锁回路、助磁回路及后加速回路组成。1ZJ、2ZJ、3ZJ、2SJ、3SJ 及 CKJ 继电器是属于距离保护的。5ZJ、6ZJ、7ZJ、LJ、SJ、FLJ 继电器是属于振荡闭锁回路的。4ZJ 是用来实现重合闸后加速的。

2. 振荡闭锁回路动作情况

振荡闭锁回路的构成原理，是考虑系统出现振荡时保护不应误动，而发生各种不对称短路时能正确动作的原则设想的。

当第一、二段保护区内发生短路时，保护第一、二段能正确动作；当第一、二段保护区外发生的短路引起振荡或由于静稳定破坏发展成系统振荡时，保护第一、二段均能可靠闭锁。振荡闭锁需等振荡平息和负序电流消失后，才开始延时复归。采用延时复归，是为了防止当短路切除并重合后造成系统振荡而发生的保护误动作。如由于保护区外短路或由于系统操作引起的振荡闭锁动作，在其复归前第一、二段保护被闭锁，此时若区内又发生短路时，只有等第三段保护动作后，才能延时切除短路。

当系统中出现负序电流，若该电流值大于振荡闭锁的动作值时，FLJ 就动作，它的常闭触点打开，常开触点闭合（FLJ 的常闭触点一打开，其 W_2 内就有电流通过。在其常闭触点没打开之前，W_2 被旁路；其常闭触点打开后，FLJ 的 W_2 串入回路）。FLJ 动作后，接通保护第一、二段正电源，并起动 $6ZJ$，其常开触点将 $7ZJ$ 线圈旁路。$7ZJ$ 约经 $0.25\sim0.35\mathrm{s}$ 的时间返回（这个时间为闭锁保护第一、二段的时间），为起动 SJ 作好准备。这个时间还保证了保护第一段跳闸及由第一段切换到第二段使 $3ZJ$ 动作并自保持所必需的时间。

由静稳定破坏而发生振荡时，在振荡过程中系统频率有变化，由于振荡电流增大引起的负序电流滤过器铁芯饱和，以及三相变流器的特性不一致，虽然会引起 FLJ 误动，但负序滤过器铁芯的饱和电流（20A）比 LJ 的整定值大，在 FLJ 误动前，LJ 已先动作，起动 $5ZJ$，将保护第一、二段正电源闭锁，同时作好复归准备（为 SJ 起动，在回路中作好准备）。在振荡电流下降至小于 LJ 的返回值时，LJ 虽然

126

返回，但 $5ZJ$ 自行保持。所以，当静稳定破坏而发生振荡时，保护装置的第一、二段不会误动作。

当发生不对称短路时，为了保证 FLJ 比 $5ZJ$ 先动作，在 LJ 的中间继电器 $5ZJ$ 的线圈上并一只电容，目的在于延长 $5ZJ$ 的动作时间。当 FLJ 动作后，LJ 再动作时为了防止 $5ZJ$ 有误动的可能，故在 FLJ 的 W_2 上串联了防止 $5ZJ$ 误动的电阻 R_6。

振荡闭锁动作后，等振荡停息或短路消失时才复归整组接线，也就是首先由 LJ、$2ZJ$ 稳定复归后，整组复归时间元件 SJ 动作，其延时触点将 $5ZJ$（FLJ）的自保持解除。$5ZJ$ 复归，$7ZJ$ 重新动作（$6ZJ$ 已提前复归）SJ 复归，整组接线恢复正常。这样，在系统振荡时，一方面使保护第一、二段不致误动，另一方面也可避免振荡闭锁多次重复动作。

3. 直流回路动作情况（参看图 4-19）

（1）正常运行时：起动元件 $3ZKJ$ 和测量元件 1、$2ZKJ$ 不动作，FLJ 因无负序电流或负序电流很小而不动作，只有 $1ZJ$、$7ZJ$ 处在动作状态，其余继电器均不动作。

（2）短路发生在第一段保护区时：阻抗继电器 $3ZKJ$ 和 1、$2ZKJ$ 动作，FLJ 动作并自保持（LJ 虽动作，但 $5ZJ$ 不能动作），此时经直流正电源，FLJ，$5ZJ$，1、$2ZKJ$，$7ZJ1ZJ$ 触点和线圈，CKJ，R_{CKJ}，直流负极，起动出口继电器 CKJ 和一段信号继电器 $1XJ$，一段保护动作跳闸，如图 4-19 中所示的出口起动回路。

在回路中有 $1ZJ$ 的自保持线圈，它的作用是防止短路发生在第一段保护区内时，$3ZKJ$ 动作，使 $2ZJ$ 动作引起 $1ZJ$ 失磁，误将第一段出口回路断开。

（3）当短路发生在第二段保护区时：阻抗继电器 $3ZKJ$ 和振荡闭锁 FLJ 动作。$3ZKJ$ 动作后，使 $2ZJ$ 动作，$1ZJ$ 失磁，经 0.15s 时间，将交流电压回路由第一段转换到第二段，阻抗继电器 1、$2ZKJ$ 在第二段整定值下动作，使 $3ZJ$ 动作，$3ZJ$ 常开触点将 $7ZJ$ 常开触点旁路，所以，在 0.25～0.35s 之后，$7ZJ$ 虽复归，但 $3ZJ$ 仍自保持。由 $3ZJ$ 的另一对常开触点将第二段时间继电器 $2SJ$ 起动，构成第二段保护起动出口继电器 CKJ 的回路，即：直流正电源，FLJ、$5ZJ$、$1ZKJ$、$2ZKJ$、$3ZJ$、$2SJ$、$2XJ$、CKJ、R_{CKJ}，直流负极，起动出口继电器 CKJ 和二段信号继电器 $2XJ$，二段保护动作跳闸。

从保护第二段动作过程看出，它的动作时间应由 $3ZKJ$ 算起，至 CKJ 动作为止。其中包括：$3ZKJ$、$2ZKJ$ 的动作时间；$1ZJ$ 返回时间；1、$2ZKJ$，$3ZJ$ 动作时间；$2SJ$ 由励磁经延时触点闭合时间和 CKJ 的动作时间总和。

（4）当短路发生在第三段保护区时：$3ZKJ$ 动作，经 $2ZJ$ 起动 $3SJ$，$3SJ$ 的延时触点闭合构成起动出口继电器 CKJ 的回路，即：直流正电源，DBJ、$3ZKJ$、$2ZJ$ 线圈，直流负电源，起动 $2ZJ$；其常开触点闭合，再经 $6ZJ$、$3SJ$ 线圈，直流负电源，起动 $3SJ$；$3SJ$ 延时常开触点经一定的延时闭合，再经 $3XJ$、D_{63}、D_{64} 连线，CKJ、R_{CKJ} 和直流负极，起动出口继电器 CKJ 和三段信号继电器 $3XJ$，三段保护动作跳闸。

（5）后加速回路：

1）手动合闸后加速，是将控制开关触点同图 4-19 中的 D_{40} 端子连接起来实现的。当手动合闸时，$4ZJ$ 动作，其常闭触点断开 $1ZJ$ 的线圈回路，将测量元件由第一段切换到第二段，以保护全线路。而其常开触点将第二段（QP_2 放在接通位置）或第三段（QP_1 接通在 $4ZJ$ 触点侧）时间继电器延时触点旁路，使保护第二段或第三段不带时限，即经 $4ZJ$ 触点直接起动出口继电器 CKJ，加速切除故障。

2）重合闸后加速：是将重合闸的触点和 D_{40} 端子相连来实现的。重合闸动作后的其它动作情况与手动合闸后加速相同。当重合在永久性短路点时，则用后加速保护第二段或第三段瞬时切除短路故障。

4. 信号回路（见图 4-20）

为了反应保护装置和振荡闭锁装置的动作情况及监视保护装置交直流回路的完好性，设有信号监视回路。其信号如下：

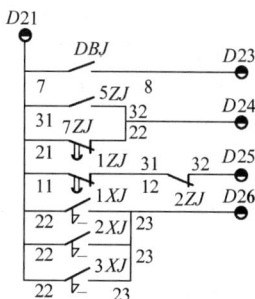

图 4-20　信号回路

（1）一、二、三段动作信号。$1XJ$、$2XJ$、$3XJ$ 动作由 D_{26} 送出信号脉冲。

（2）电压回路断线闭锁信号。DBJ 动作，由 D_{23} 送出信号脉冲。

（3）振荡闭锁动作信号。$5ZJ$ 动作或 $7ZJ$ 返回，由 D_{24} 送出信号脉冲。

（4）直流电源消失信号。$1ZJ$ 返回，由 D_{25} 送出信号脉冲。

5. 直流助磁回路

为了提高保护装置动作的灵敏性，设有直流助磁回路（见图 4-19），助磁电流的数值为 $10mA$，用毫安表监视。为防止直流电源电压波动对助磁电流的影响，从而影响保护的动作性能，采用了充气稳压管来稳定助磁电压。为了防止稳压管损坏时引起助磁电流的变化，故采用两只稳压管 WY_1、WY_2 并联使用。运行中可互为备用，故提高了可靠性。

第六节　高频保护的二次回路图

一、高频保护简介

在现代大型电力系统的超高压远距离输电线路上，为了缩小事故范围，满足电力系统稳定的要求，通常需要自线路两侧无时限地切除被保护线路上任何一点的故障。由于测量部分只反应被保护线路一侧的电量，而前面所谈到的线路保护，如过电流、方向过电流和距离保护，从原理上讲它们的无时限速断段都不能保护线路的全长（速断保护一般保护线路全长的 $75\sim80\%$，最低的仅保护全线路的 15%），不能满足全线快速切除故障的要求。线路的横联差动方向保护，因存在方向死区和相继动作区，也不能满足这一要求。在远距离输电的线路上，因通道的费用昂贵，线路纵差保护也不能采用。因此，为了快速切除高压远距离输电线路上的短路故障，我们可以利用电讯技术中常用的高频载波电流，在输电线路上传送两侧电量的信号，以代替专用的辅助导线，这样就构成了所谓的高频保护。

高频保护的基本原理，是比较保护线路两侧的电量，（如短路功率的方向、电流相位等）。为此，必须把被比较的电量变为便于传递的高频信号，然后利用特殊的装置将此高频信号送入通道（即输电线路），传送到线路的另一侧去进行比较。由于只比较线路两侧的电量方向或相位，所以不反应本线路外部故障，在参数选择和保护装置动作时间等方面，无需与相邻线路的高频保护相配合，因此可以快速切除被保护线路内部的短路故障。

高频保护电量信号的比较方式有两种：一种是比较线路两侧的电流相位，构成了电流相位比较式的高频保护，简称相差动高频保护；另一种是比较线路两侧保护对故障判别的方向，然后作出是否跳闸的决定。按此方式构成的高频保护，有高频闭锁距离保护、高频闭锁方向保护。因限于篇幅，下面就相差动高频保护做较详细介绍。

二、电力系统中的相差动高频保护构成及工作原理

（一）相差动高频保护的构成

由上图可知，其构成可分为：

1. 继电保护部分

（1）起动元件：起动负序电流滤过器，起动继电器 $1JJ_1$、$1JJ_2$。

（2）操作元件：操作滤过器，操作变压器 $2CBY$。

（3）相位比较元件：互感器 $2SB_1$、整流器、极化继电器 $2JJ_4$。

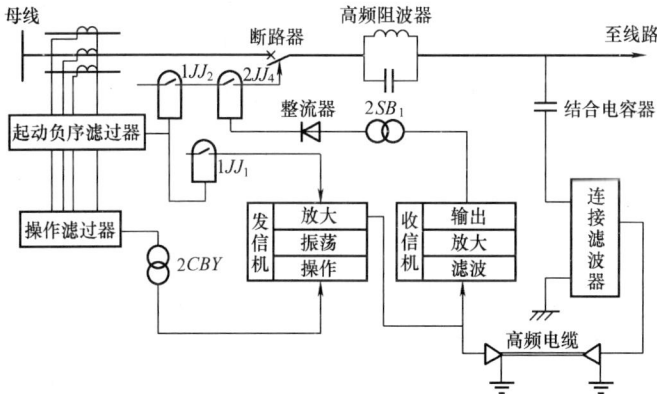

图 4-21　相差动高频保护原理接线图

（4）直流继电器和信号继电器等。

2. 收发信部分

收发信部分包括收信机、发信机等元件。

3. 高频通道部分

高频通道部分包括高频阻波器、结合电容器、连接滤波器、高频电缆等元件。

（二）相差高频保护的工作原理

所谓电流相位比较式高频保护，就是比较线路两侧的电流相位。当线路内部故障时，两侧电流方向都是从母线流向线路（即流向故障点），称之为两侧电流相位相同；当线路外部故障时，一侧电流方向为从母线流向线路，而另一侧则为从线路流向母线，故两侧电流相位相反，如图 4-22 所示。

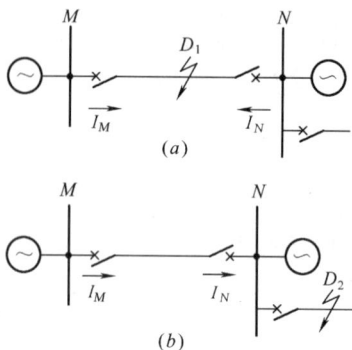

图 4-22 线路内部及外部故障时故障电流的方向
（a）内部故障时；（b）外部故障时

因此本保护装置中的重要回路之一就是相位比较回路，简称比相回路。图 4-23 示出了相位比较回路的原理接线图。

在线路上未发生故障时，因高频发信机不发信，所以线

132

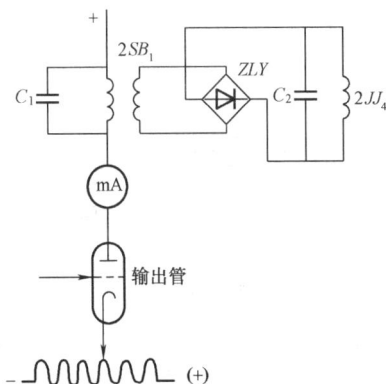

图 4-23 相位比较回路原理接线图

路上没有高频信号，则输出管栅极与阴极上的电位差很小，因此屏极回路中将有屏流流过。正常情况下，其屏流应调整到 10mA，为恒定值，故称为恒流，在互感器 $2SB_1$ 的二次侧不会产生感应电动势，所以极化继电器 $2JJ_4$ 不会动作。当线路发生故障时，发信机起动，线路上有高频信号产生。此信号受到操作电流的控制时，就出现与 50Hz 相位相对应的间断性高频信号，即：操作电流为正半周时，发出高频信号；在负半周时，停发信号。因此，出现了间断的高频信号。如果收信机收到的是间断的高频信号，那么在它的输出电流上也出现了与之相对应的脉动电流，如图 4-24 所示。

互感器 $2SB_1$ 的一次侧通过 50Hz 的脉动电流时，在其二次侧就产生了感应电动势，经单相桥式整流后，在 $2JJ_4$ 回路上出现单方向的脉动电流。在图 4-23 中 C_2 的作用是使通过 $2JJ_4$ 的电流比较平滑。

当外部发生短路时，电流方向如图 4-22 （b）被保护线

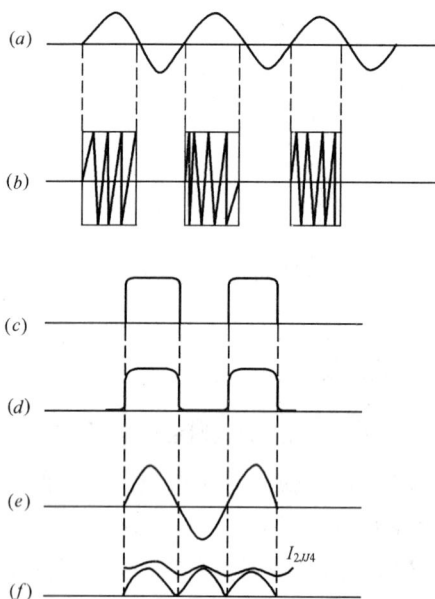

图 4-24　相位比较回路工作波形图

(a) I_M 操作电流波形图；　(b) 高频信号波形图；

(c) I_{HL} 输出管屏流波形图；　(d) $2SB_1$ 互感器一次电流波形图；

(e) $2SB_1$ 二次电流波形图；　(f) 整流负载电流波形图

路 M、N 两侧的电流互感器二次侧所示出的一样，两侧电流相位相差 $180°$。M、N 两侧发信机所发出的间断性高频信号，彼此填补而成为一个连续的高频信号，根据相位比较回路的工作原理，两侧收信机输出的屏流将变为零值，所以 $2JJ_4$ 不会动作，如图 4-25 所示。

当内部发生短路时，M、N 两侧电流的相位相同，相角差为 $0°$。此时，两侧高频信号同相位，彼此重迭后仍为间

134

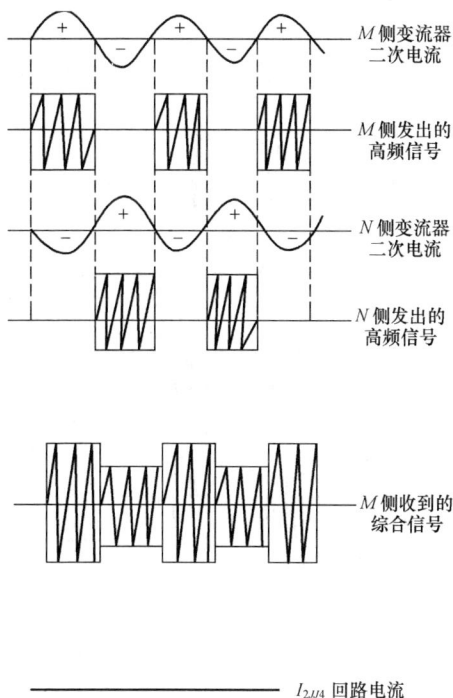

图 4-25 外部故障时高频信号示意图

断性的高频信号,收信机的输出管屏流即出现脉动性的变化,所以互感器 $2SB_1$ 的二次侧就出现感应电动势,经单相桥式整流后,使极化继电器 $2JJ_4$ 的线圈中有直流电流通过,起动 $2JJ_4$,整套保护动作于断路器跳闸,切除故障,如图 4-26 所示。

三、相差动高频保护回路

(一)相位比较回路的接线

从图 4-27 中可知,相位比较回路中的元件有:$2JJ_3$、

$2JJ_4$ 极化继电器；$2J_{01}$、$2J_{05}$ 电码继电器的触点。

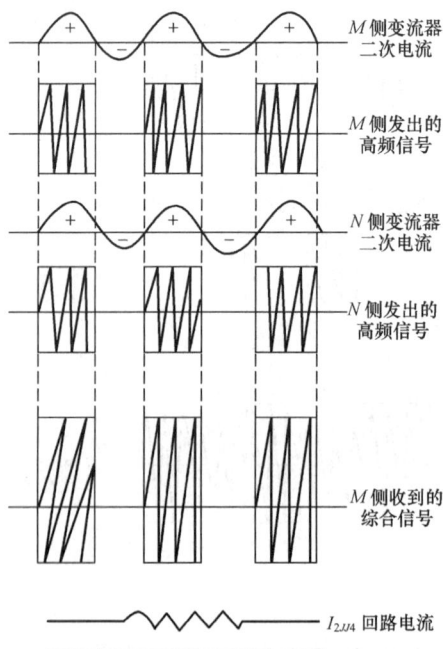

图 4-26　内部故障时高频信号示意图

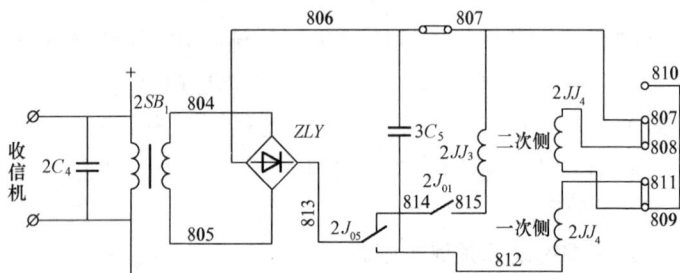

图 4-27　相位比较回路接线图

$2JJ_3$ 线圈中串有 $2J_{01}$ 和 $2J_{05}$ 电码继电器的触点，其作用是：当发生故障时，$2J_{01}$ 失磁，其常开触点打开、常闭触点闭合去起动发信机。这样在 $2J_{05}$ 继电器未动作之前，互感器 $2SB_1$ 处于空载，缩短了过渡过程。

$2J_{05}$ 电码继电器在正常时上触点闭合，接通 $2JJ_3$ 的线圈回路。当发生故障时，$2J_{05}$ 继电器进行切换，下触点闭合，接通比相继电器 $2JJ_4$ 线圈。

（二）交流电流回路

从图 4-28 交流电流回路中可知，交流电流回路中有：$3LJ$、$4LJ$ 电流继电器；负序电流滤过器及它的执行继电器 $1JJ_1$、$1JJ_2$；阻抗继电器 $1JZ$；复式电流滤过器等。

1. 电流继电器 $3LJ$ 的作用

当外部发生相间短路时，因短路电流过大会使负序电流滤过器饱和，而线路两侧的负序滤过器的参数又不可能绝对相同，如有一侧的 $1JJ_1$ 和 $1JJ_2$ 瞬间起动一下，而另一侧的 $1JJ_1$、$1JJ_2$ 没有起动，将使高频保护发生误动作，有了 $3LJ$，就可防止高频保护发生误动作。$3LJ$ 的另一个作用是，当发生相间短路时，起动发信机。

2. 电流继电器 $4LJ$ 的作用

在一侧电源供电的情况下发生对称性短路时，$4LJ$ 可防止保护装置误动作。其另一个作用是，当保护装置发生电压回路断线的期间输电线路又发生内部短路时，在短路电流足够大时 $4LJ$ 有足够的灵敏度，保护装置仍能动作，切除线路故障。

3. 阻抗继电器 $1JZ$ 的作用

（1）当线路发生对称性短路时，做为保护装置的起动元件。

137

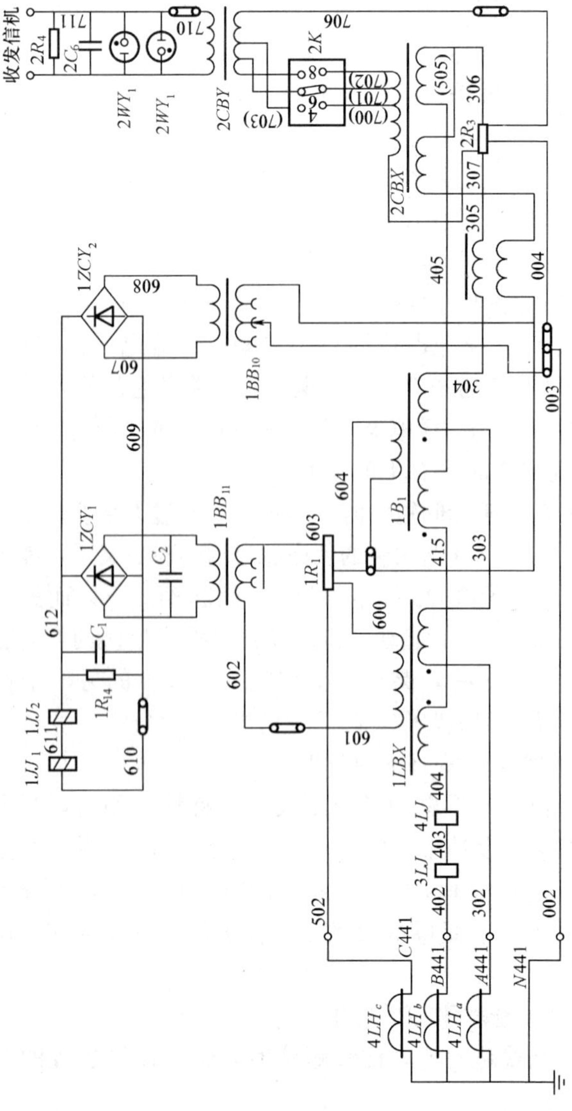

图4-28 交流电流回路

（2）限制保护装置在一定的范围内起动，以便减少不必要的多次动作。

4. 负序电流起动元件 $1JJ_1$、$1JJ_2$ 的作用

（1）当线路发生不对称性短路时，$1JJ_1$、$1JJ_2$ 作为保护装置的起动元件。

（2）在整定定值时，$1JJ_1$ 及 $3LJ$ 继电器的定值较 $1JJ_2$ 和 $4LJ$ 小，即 $1JJ_1$ 及 $3LJ$ 较 $1JJ_2$ 和 $4JL$ 灵敏，这样可保证当外部发生短路时两侧高频发信机都能可靠起动，防止了两侧不同步停信时可能引起的误动。

（三）直流回路

1. 直流回路的组成部分

从图 4-29 中可知，直流回路主要包括以下部分。

（1）起动发信部分：$1JJ_1$ 极化继电器，$2J_{01}$、$2J_{02}$ 电码继电器。其中：$2J_{01}$ 继电器的作用是，起动高频发信机，使 $2JJ_3$ 继电器线圈回路断开，以防过渡过程使 $7XJ$ 误发信号；$2J_{02}$ 继电器的作用是，复归 $2J_{01}$，经 0.6s 后再停止发信，以免因任何一侧收、发信机过早停信而误动作。$2J_{03}$ 和 $2J_{04}$ 继电器的作用是，这两个电码继电器组成相互动作回路，在对称性短路时，给以保护装置 0.2～0.5s 的延时，以保证当内部发生短路时能可靠的动作于跳闸（此延时靠 $2J_{03}$ 的延时返回确定）。

$2J_{03}$ 继电器线圈中串入 $2J_{05}$ 的常闭触点，其目的是防止外部长期发生对称性短路时，$2J_{03}$、$2J_{04}$ 的重复性动作。

（2）保护起动及准备跳闸部分：这部分的元件包括 $1JJ_2$、$4LJ$ 的常开触点，$1JZ$ 阻抗继电器常开触点及 $2J_{04}$ 常闭触点和 $2J_{05}$ 电码继电器等。$2J_{05}$ 的作用是：当 $2J_{05}$ 动作后，断开 $2JJ_3$ 的线圈回路，接通相位比较回路，以便进行

139

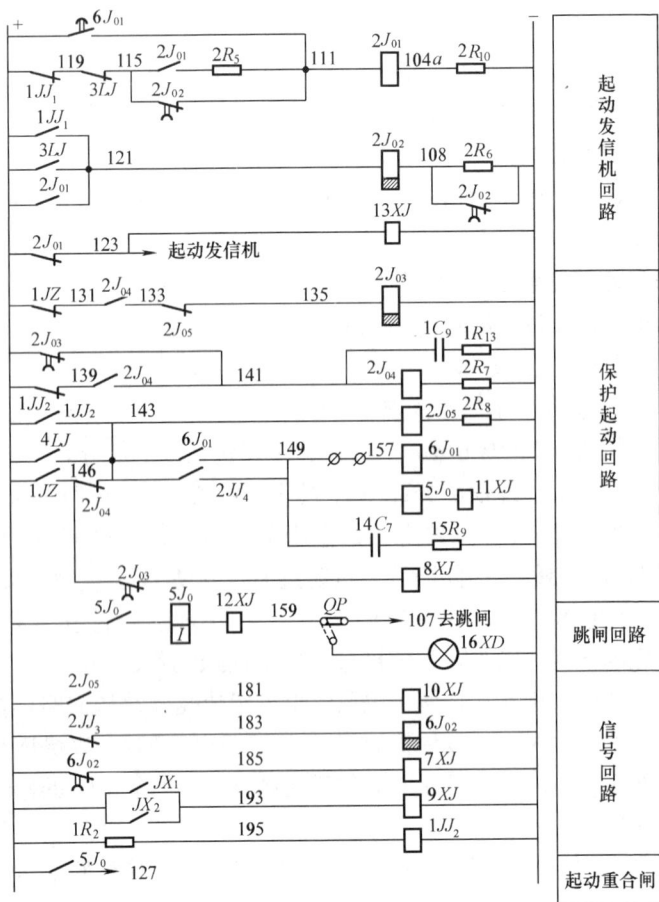

图 4-29　直流回路展开图

比相，并动作一个信号继电器 $10XJ$，表示保护已经起动。

（3）跳闸回路：包括出口中间继电器 $5J_0$ 及其切换压板，跳闸信号继电器 $12XJ$ 等，可作用于断路器跳闸或发出信号。

在保护动作的同时，起动 $6J_{01}$ 继电器，一方面将相位比较继电器的触点 $2JJ_4$ 旁路，另一方面立即起动 $2J_{01}$ 继电器，以便停止发信，这样可缩短相继动作时间。

（4）信号回路部分：

第一种表示电力系统发生短路故障及断路器跳闸的信号继电器有：

$10XJ$ 示出保护装置起动信号。

$11XJ$ 示出保护装置出口动作信号。

$12XJ$ 示出断路器跳闸信号。

$13XJ$ 示出发信机起动信号。

第二种表示保护装置内部有故障的信号继电器有：

$9XJ$ 示出收、发信机中的灯丝断线信号。

$8XJ$ 示出电压互感器断线信号。另外，在外部短路持续时间超过 $0.25s$ 以上时，此信号继电器也动作。若想区别是哪种故障，可用手动复归 $8XJ$ 的方法进行鉴别。若它能复归，说明是外部故障；否则，就是电压互感器断线。

$7XJ$ 示出通道检查呼叫信号。按下发信机的起动按钮后，发信机发出被负荷电流操作的高频信号，线路两侧的 $2JJ_3$ 励磁，使 $6J_{02}$ 失磁，$6J_{02}$ 的常闭触点闭合后起动 $7XJ$，发出通道检查信号。

2. 正常运行时直流回路中各继电器的状态

高频发信机不动作，线路两端的电流相位不进行比较：处于带电状态的继电器有 $2J_{01}$、$2J_{02}$、$2J_{03}$、$2J_{04}$、$6J_{02}$；不带电状态的继电器有 $2J_{05}$、$6J_{01}$、$2JJ_4$、$1JJ_1$、$1JJ_2$、$1JZ$、$3LJ$、$4LJ$。

3. 输电线路发生故障时保护装置动作情况

（1）不对称短路时（见图 4-29）。系统中如发生不对称性的短路故障，反应负序分量、零序分量的继电器 $1JJ_1$、$1JJ_2$ 动作。$1JJ_1$ 动作后，使 $2J_{01}$ 继电器失磁，起动发信机，即：

$+\rightarrow 1JJ_1\rightarrow 3LJ\rightarrow 2J_{01}\rightarrow 2R_5\rightarrow 2J_{01}$ 线圈 $\rightarrow 2R_{10}\rightarrow -$，使 $2J_{01}$ 失磁。由于 $2J_{01}$ 失磁，其常闭触点闭合，起动了发信机。即：

$+\rightarrow 2J_{01}$ 常闭触点 $\rightarrow$ 发信机和 $13XJ$ 信号继电器。$1JJ_2$ 动作后，起动 $2J_{05}$，即：

$+2J_{05}$ 线圈 $\rightarrow 2R_8\rightarrow -$。

由于 $2J_{05}$ 的动作，接通相位比较回路中的 $2JJ_4$ 继电器，进行比相。若是输电线路内部故障，则相位比较继电器 $2JJ_4$ 动作，接通保护起动回路中的出口继电器 $5J_0$ 和表示保护装置出口动作的 $11XJ$ 信号继电器，即：

$+\rightarrow 1JJ_2\rightarrow 2JJ_4\rightarrow 5J_0$ 线圈 $\rightarrow 11\times J\rightarrow -$。由于 $5J_0$ 的起动，其常开触点闭合，即可去跳闸。

$+\rightarrow 5J_0\rightarrow 5J_0$ 线圈 $\rightarrow 12\times J$ 线圈 $\rightarrow$ 连片 $LJ\rightarrow$ 去跳闸。

若为本保护范围以外的输电线路发生不对称的短路故障，则相位比较继电器 $2JJ_4$ 不会动作，故也不能跳闸。待故障消除后，$1JJ_1$、$1JJ_2$ 返回，$2J_{05}$ 失磁，发信机经 $0.5\sim$ $0.6s$ 停止发信。

（2）对称性短路。在输电线路发生对称性短路后，反应对称分量的继电器 $3LJ$、$4LJ$、$1Z$ 起动。由于 $3LJ$ 的起动，使 $2J_{01}$ 失磁后的动作情况同前所述。

由于 $4LJ$ 继电器的起动，使 $2J_{05}$ 继电器励磁，即

$+\rightarrow 4LJ\rightarrow 2J_{05}\rightarrow 2R_8\rightarrow -$。

$2J_{05}$ 起动后接通相位比较继电器 $2JJ_4$。若为保护范围

以内发生短路，则 $2JJ_4$ 动作，起动跳闸回路，使断路器跳闸，切除故障。

若发生相间短路，阻抗继电器 $1JZ$ 起动，并由于 $1JJ_2$ 内瞬间动作，使 $2J_{04}$ 失磁，接通跳闸回路。若为保护范围以内的故障，则 $2JJ_4$ 动作，接通跳闸回路，即：

$+ \rightarrow 1JZ \rightarrow 2J_{04} \rightarrow 2JJ_4 \rightarrow 5J_0 \rightarrow 11XJ \rightarrow -$。

起动出口继电器 $5J_0$ 和表示保护起动的信号继电器 $11XJ$。

由于 $5J_0$ 的动作，其常开触点闭合，接通跳闸回路，即：

$+ \rightarrow 5J_0 \rightarrow 5J_0$ 的电流线圈 $\rightarrow 12XJ \rightarrow 107$ 去跳闸。

（3）电压互感器回路断线。当电压互感器回路断线时，可能引起阻抗继电器 $1JZ$ 动作，此时其常闭触点断开，使 $2J_{03}$ 失磁，除使表示电压互感器回路断线的信号继电器 $8XJ$ 起动外，并使 $1JJ_2$、$2J_{04}$ 的触点旁路，$2J_{04}$ 保持励磁，故 $2J_{04}$ 的常闭触点打开。因此，若在电压互感器二次回路发生断线时，虽然又发生了输电线路的内部短路故障，但由于 $2J_{04}$ 的励磁，其常闭触点断开，保护装置则拒动。若此时 $4LJ$ 动作，则可避免保护装置的拒动。

第五章　变压器保护的二次回路图

第一节　概　　述

变压器在发电厂和变电所中是重要的电气设备。因此，变压器本身运行的可靠与否，对保证电力系统的安全至关重要。由于现代科学技术的发展，技术水平的提高，为制造可靠的变压器创造了有利的条件，但在实际运行中，还要考虑有各种故障和不正常运行情况的发生。因此，必须根据变压器容量的大小和所带负荷的重要程度，装设以下继电保护装置：

（1）防御变压器油箱内部故障和油面降低的瓦斯保护。

（2）防御变压器绕组和引出线的相间短路及匝间短路的纵联差动或速断保护。

（3）大电流接地系统还应装置零序电流保护。

（4）后备过电流保护。

（5）过负荷保护。

第二节　瓦斯保护的二次回路图

变压器瓦斯保护的主要元件就是瓦斯继电器，它安装在油箱与油枕之间的连接管中。当变压器发生内部故障时，因油的膨胀和所产生的瓦斯气体沿连接管经瓦斯继电器向油枕中流动。若流动的速度达到一定值时，瓦斯继电器内部的挡板被冲动，并向一方倾斜，使瓦斯继电器的触点闭合，接通跳闸回路或发生信号，如图5-1所示。

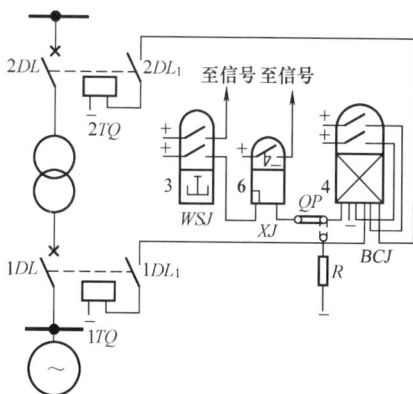

图 5-1 瓦斯保护的原理接线图

图中：瓦斯继电器 WSJ 的上触点接至信号，为轻瓦斯保护；下触点为重瓦斯保护，经信号继电器 XJ、连接片 LP 起动出口中间继电器 BCJ，BCJ 的两对触点闭合后，分别使断路器 IDL、ZDL 跳闸线圈励磁。跳开变压器两侧断路器，即

直流＋→WSJ→XJ→LP→BCJ→直流－，起动 BCJ。

直流＋→BCJ→1DL₁→1TQ→直流－，跳开断路器 1DL。

直流＋→BCJ→2DL₁→2TQ→直流－，跳开断路器 2DL。

再有，连接片 LP 也可接至电阻 R，使重瓦斯保护不投跳闸而只发信号。

第三节 电流速断保护的二次回路图

变压器的瓦斯保护只能在变压器油箱内部发生故障时动

作，而在变压器套管以外的短路就只能靠速断保护或差动保护了。通常，对小容量的变压器（单台容量一般在7500kVA及以下的）装设速断保护，对于大容量的变压器装设差动保护。

当变压器的电源侧发生短路，其短路电流达到电流继电器 LJ 动作值时，LJ 动作，并经信号继电器 XJ 起动出口中间继电器 BCJ。BCJ 动作后，其两对触点闭合，分别去跳开断路器 1DL、2DL，如图 5-2 所示。

其跳闸二次逻辑回路为：

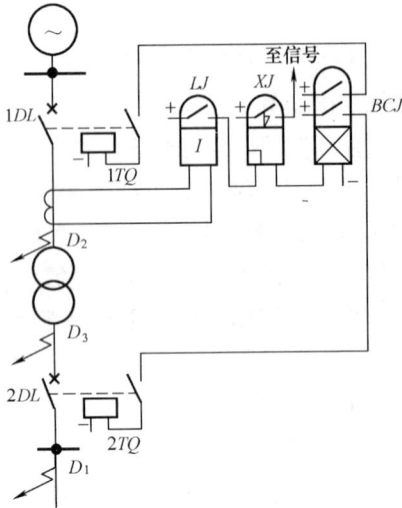

图 5-2　变压器速断保护的原理图

直流＋→LJ→XJ→BCJ→直流－，起动 BCJ。
直流＋→BCJ→1DL→1TQ 直流－；跳开断路器 1DL。
直流＋→BCJ→2DL→2TQ 直流－；跳开断路器 2DL。

第四节　过电流保护的二次回路图

当变压器套管以外发生相间短路时，过电路保护延时动作，跳开两侧断路器，并作为变压器主保护（瓦斯、速断或差动保护）的后备。过电流保护装在电源侧；对于双绕组降压变压器的负荷侧，一般不应配置保护装置。

过电流保护若灵敏度不能满足要求时，可加低电压闭锁保护来解决。因此，过电流保护分为带低电压闭锁和不带低电压闭锁两种：

一、不带低电压闭锁的过电流保护的二次回路图

不带低电压闭锁的过电流保护原理接线图，如图 5-3 所示。

过电流保护装置的测量元件为电流继电器 LJ，延时元

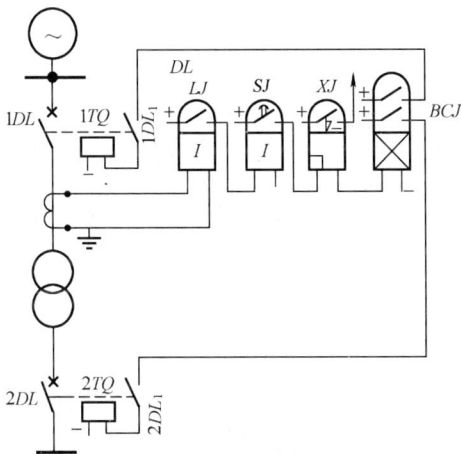

图 5-3　不带低电压闭锁的过电流保护原理接线图

件为时间继电器 SJ。当短路电流达到 LJ 的动作值时，它就起动，并使 SJ 起动，经一定的延时，SJ 常开触点闭合，经信号继电器 XJ 起动中间继电器 BCJ。BCJ 的两对触点闭合后，分别跳开变压器两侧的断路器 $1DL$、$2DL$。其整个逻辑回路如下：

直流＋→LJ→SJ 线圈→直流－，使时间继电器 SJ 动作。

直流＋→SJ→XJ→LP→BCJ 线圈→直流－，起动出口中间继电器 BCJ。

直流＋→BCJ 上触点→$1DL_1$→$1TQ$ 线圈→直流－，使 $1TQ$ 起动，跳开断路器 $1DL$。同时，BCJ 下触点闭合后使 $2TQ$ 起动，跳开断路器 $2DL$。

不带低电压闭锁的过电流保护的直流回路展开图，如图 5-4 所示。

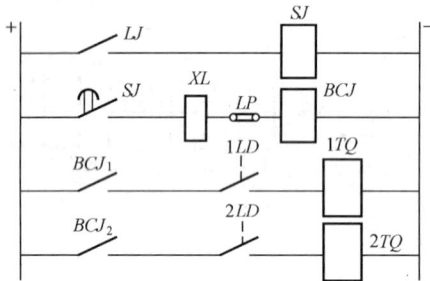

图 5-4　不带低电压闭锁的过电流保护的直流回路展开图

二、带低电压闭锁的过电流保护二次回路图

当变压器的过电流保护定值经核算灵敏度不能满足要求时，应采取加低电压闭锁的措施。此时，过电流保护的起动值不按躲过最大负荷电流整定，而是按变压器的额定电流整

定。这样，当动作值降低后，灵敏度就提高了，在最大负荷时，有可能电流继电器动作，但此时电压达不到动作值（一般按 $60\% \sim 70\% U_e$ 整定），所以不会因过负荷而跳闸，其直流回路展开图，如图 5-5 所示。

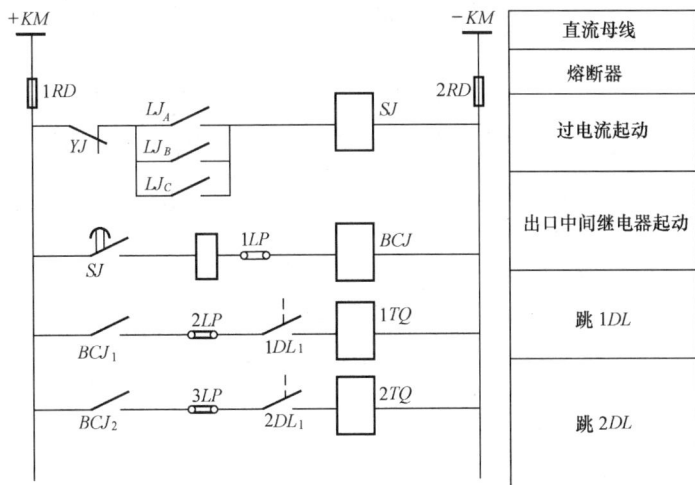

图 5-5　带低电压闭锁的过电流保护直流回路展开图

低压闭锁过电流保护的动作说明：

（1）过负荷时。因过负荷时电压不会低到低电压继电器 YJ 的动作值，所以 YJ 触点在断开位置，虽然因过负荷使电流继电器 LJ 动作，其常开触点闭合，但由于 YJ 触点的断开，时间继电器 SJ 不能起动，故不会跳断路器。

（2）发生故障时。因发生相间短路故障，所以电压低而使 YJ 起动，其触点闭合。同时也因相间短路电流值增大，足以使 LJ 动作，触点也闭合，起动了时间继电器 SJ，最后 TQ 励磁，跳开断路器 DL，即直流＋→YJ→LJ→SJ

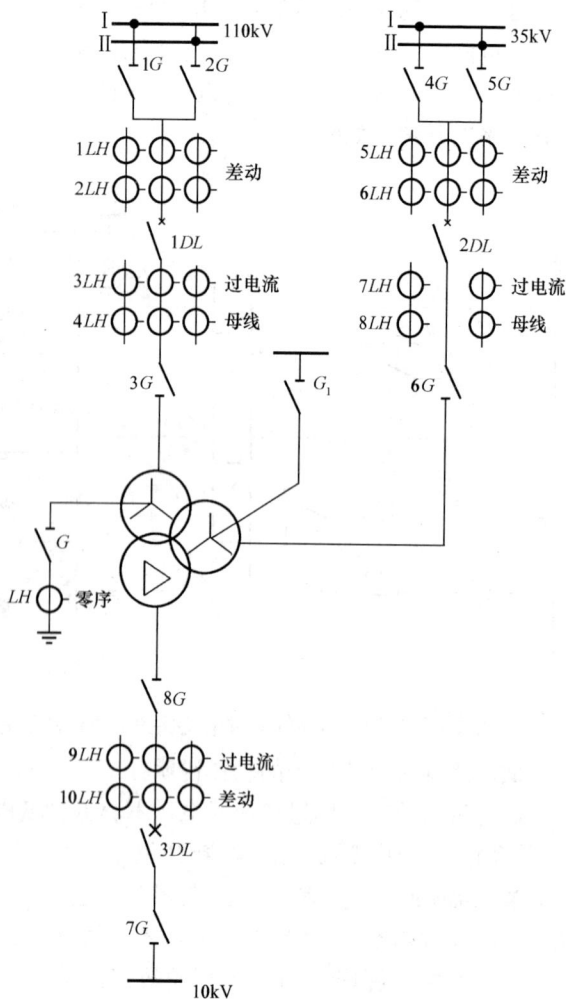

图 5-6　三绕组降压变压器保护
(a) 一次接线图；

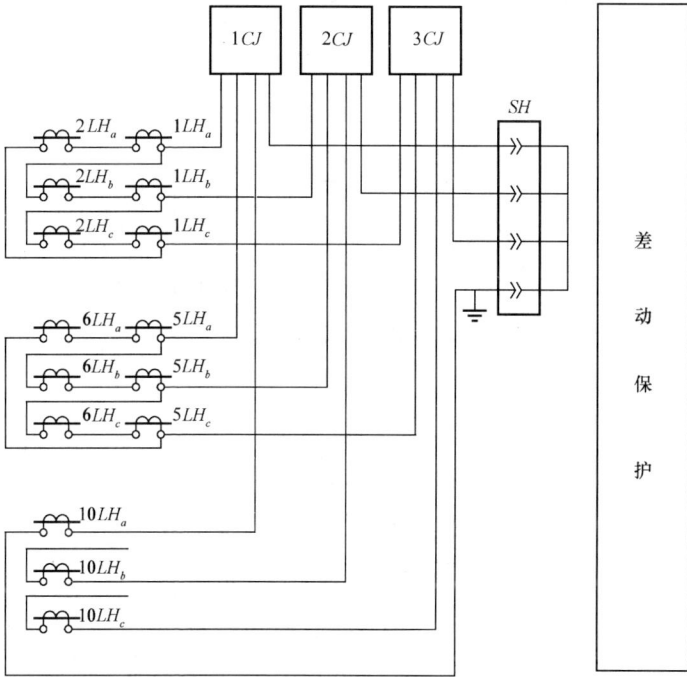

(b)

的二次回路接线全图（一）

(b) 差动保护交流回路

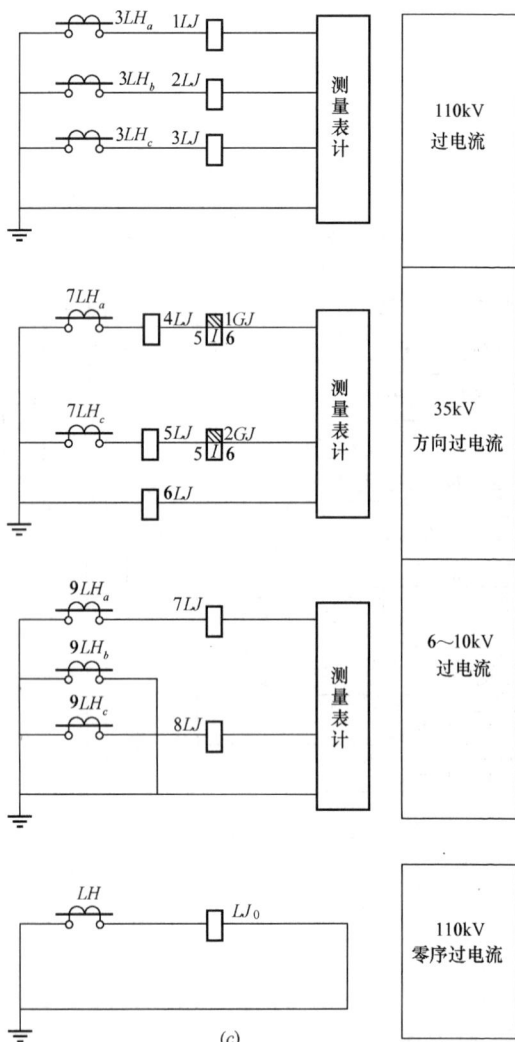

图 5-6　三绕组降压变压器保护
(c) 交流电流回路

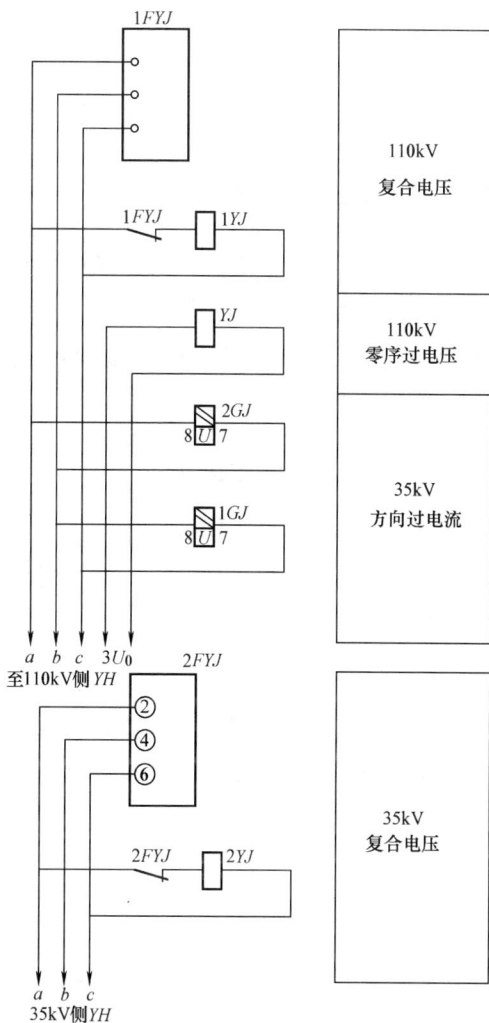

(d)

的二次回路接线全图（二）

（d）交流电压回路

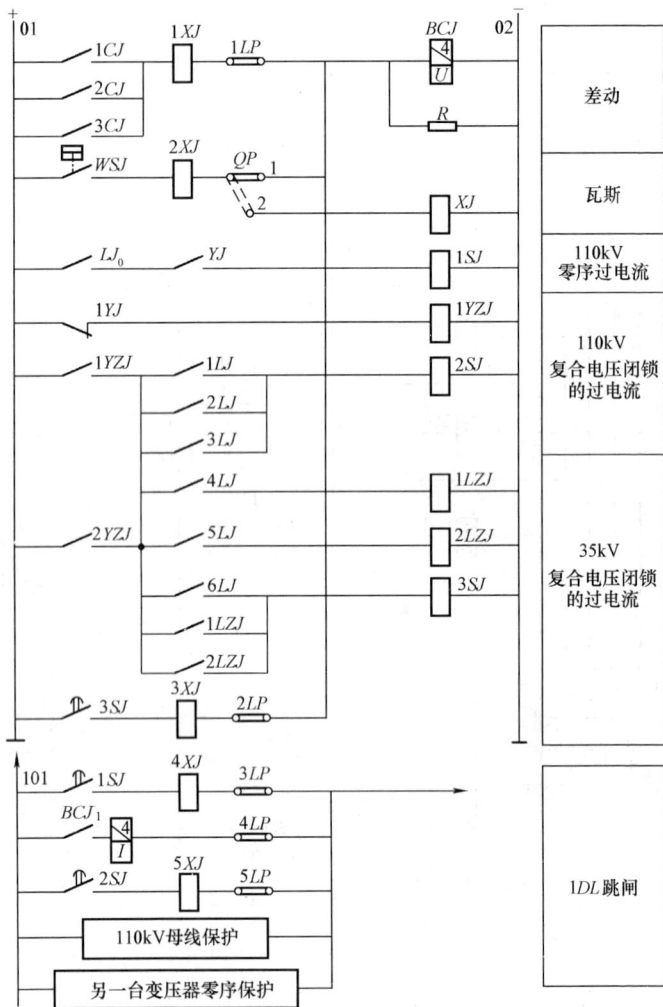

(e)

图 5-6 三绕组降压变压器保护

(e) 直流逻

154

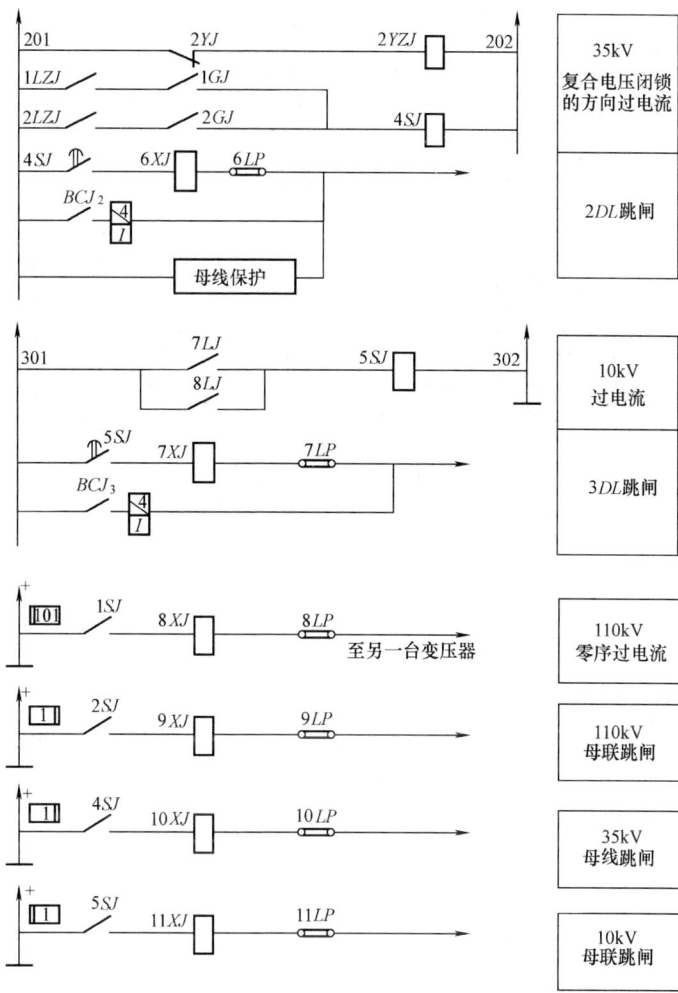

201 2YJ 2YZJ 202	35kV 复合电压闭锁的方向过电流
1LZJ 1GJ	
2LZJ 2GJ 4SJ	
4SJ 6XJ 6LP	2DL跳闸
BCJ₂	
母线保护	

301 7LJ 5SJ 302	10kV 过电流
8LJ	
5SJ 7XJ 7LP	3DL跳闸
BCJ₃	

+ 1SJ 8XJ 8LP 至另一台变压器	110kV 零序过电流
+ 2SJ 9XJ 9LP	110kV 母联跳闸
+ 4SJ 10XJ 10LP	35kV 母线跳闸
+ 5SJ 11XJ 11LP	10kV 母联跳闸

的二次回路接线全图（三）

辑回路；

155

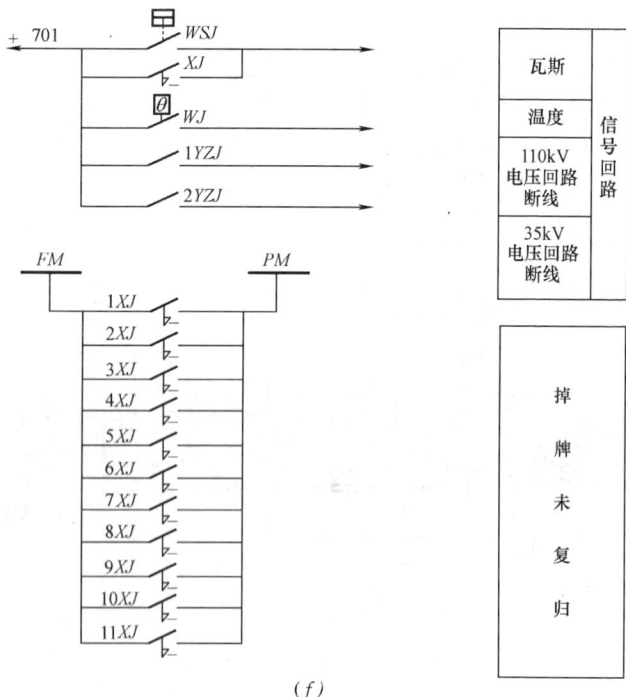

(f)

图 5-6　三绕组降压变压器保护的二次回路接线全图（四）

(f) 信号回路

线圈→直流－，起动 SJ。

　　直流＋→SJ→XJ→1LP$_1$→BCJ 线圈→直流－，起动 BCJ。

　　直流＋→BCJ$_1$→2LP$_2$→1DL$_1$→1TQ→直流－，使 1TQ 励磁，跳开断路器 1DL。

　　直流＋→BCJ$_2$→3LP→2DL→2TQ→直流－，使 2TQ 励磁，跳开断路器 2DL。

第五节　三绕组变压器保护装置的二次回路图

为了对三绕组变压器的保护装置有一整体概念，现举一实例加以说明。

图 5-6 为三绕组降压变压器保护的二次回路接线全图。下面分别介绍各部分的情况。

一、一次接线

从图 5-6 (a) 可知，高、中、低三侧的电压等级分别为 110kV、35kV、10kV、110kV 侧中性点经隔离开关 G 接地，并装有中性点零序过电流保护，使用的电流互感器为 LH；35kV 侧也可经隔离开关 G₁ 接地，但未装零序电流保护；110kV、35kV 为双母线，而 10kV 则为单母线。

二、继电保护配置

变压器除装有纵联差动和瓦斯保护以外，还在其高、中、低压三侧装有过电流保护。从图 5-6 (c)、(d)、(e) 可知，高、中压侧的过电流保护为复合电压闭锁的过电流保护，而 10kV 低压侧则为一般不带低电压闭锁的过电流保护。

从图 5-6 (e)、(f) 可知，110kV 侧的复合电压闭锁过电流保护的时间为两段式、较短的时间为跳开母线联络断路器的时间段，较长的时间段为跳开本侧断路器 1DL 的时间段，两段的时间之差，一般为 0.5s。

35kV 侧还装有复合电压闭锁的方向过电流保护，并有两段时间。其中：一段时间较短，跳开母线联络断路器；另一段时间较长，跳开本侧断路器 2DL。另一套不带方向的复合电压闭锁过电流保护，以更长的时间动作后，使三侧断路器均跳闸，作为主变压器内部故障和低压侧保护拒动的后备保护。

10kV 侧装有两相式过电流保护，有两段时间，一段时间较短为跳母线联络断路器的时间段，另一段较长为跳本侧断路器 3DL 的时间段。

110kV 侧还装有零序电压闭锁的零序过流保护。当被保护的变压器中性点接地运行时，若 110kV 侧线路发生接地故障，并因某种原因断路器未跳开，此时零序过流保护动作，跳开本侧断路器 1DL。若变电所有两台主变压器，其中一台的中性点未接地运行，当出现上述情况时，则首先以较短的时间跳开中性点不接地运行的变压器，然后再跳开中性点接地的变压器。

为监视交流电压回路的完整性，装设有"电压回路断线"信号。

为保证保护装置动作后能可靠地将断路器跳开，用了有电流自保持线圈的中间继电器 BCJ。

三、各种保护装置的二次逻辑回路

1. 纵联差动保护

纵联差动保护由 BCH-1 差动继电器 1CJ～3CJ、信号继电器 1XJ 及总出口中间继电器 BCJ 构成，作为变压器的主保护，瞬时动作于三侧断路器跳闸。其逻辑回路见图 5-6 (e)。

直流+01→1～3CJ→1XJ→1LP→BCJ 线圈→直流一，起动 BCJ。

直流+101→BCJ_1→BCJ 电流线圈→4LP，跳开 1DL 断路器。

直流+201→BCJ_2→BCJ 电流线圈，跳开断路器 2DL。

直流+301→BCJ_3→BCJ 电流线圈，跳开断路器 3DL。

2. 瓦斯保护

瓦斯保护由 QJ80 型瓦斯继电器 WSJ、信号继电器 $2XJ$、切换连片 QP 组成。当变压器内部发生故障时动作，跳开三侧断路器，其逻辑回路见图 5-6 (e)。

直流 01+→WSJ→$2XJ$→QP→BCJ 线圈→直流－02，起动总出口中间继电器 BCJ，其三对触点闭合后，分别跳开断路器 $1DL$、$2DL$、$3DL$。

当切换连片 QP 切换到 2 端子〔如图 5-6 (e) 虚线所示〕时，则通过信号继电器 XJ，投入发信号的位置。

轻瓦斯保护动作于信号，由瓦斯继电器 WSJ 的上触点闭合后发出信号〔见图 5-6 (f)〕。

3. 110kV 侧复合电压闭锁过电流保护

110kV 侧电流保护由电流继电器 $1\sim3LJ$、电压继电器 $1YJ$、负序电压继电器 $1FYJ$、中间继电器 $1YZJ$、时间继电器 $2SJ$ 所构成。保护的逻辑回路见图 5-6 (e)。

直流＋01→$1YJ$→$1YZJ$ 线圈→直流－，起动中间继电器 $1YZJ$。

直流＋01→$1YZJ$→$1\sim3LJ$→$2SJ$ 线圈→直流－，起动时间继电器 $2SJ$，它的两对触点，分别去跳本侧和母线联络断路器，即：直流＋101→$2SJ$→$5XJ$→$5LP$→到 $1DL$ 线圈，跳开本侧断路器 $1DL$。

直流＋→$2SJ$→$9XJ$→$9LP$→到母线联络断路器跳闸线圈，并跳开母线联络断路器。

4. 110kV 零序电压闭锁零序过电流保护

该保护由电流继电器 LJ_0、电压继电器 YJ、时间继电器 $1SJ$ 和信号继电器 $4XJ$ 组成。动作后经一定延时跳开断路器 $1DL$。其逻辑回路见图 5-6 (e)。

当发生单相接地故障时，出现零序电压和零序电流，若灵敏度足够大时两者均动作，即：

直流＋01→LJ_0→YJ→$1SJ$ 线圈→直流－。起动时间继电器 $1SJ$。

直流＋101→$1SJ$→$4XJ$→$3LP$→使 $1DL$ 断路器跳闸线圈励磁，跳开 $1DL$。

5.35kV 侧复合电压闭锁过电流保护

该侧复合电压闭锁过电流保护有两套；一套带方向，一套不带方向。

（1）复合电压闭锁方向过电流保护。它是由电流继电器 $4LJ$，$5LJ$，方向继电器 $1GJ$、$2GJ$，电压重动中间继电器 $2YZJ$，电压继电器 $2YJ$，负序电压继电器 $2FYJ$，时间继电器 $4SJ$，信号继电器 $6XJ$ 组成。动作后跳开本侧断路器 $2DL$ 及 35kV 侧母线联络断路器。

直流＋201→$2YJ$→$2YZJ$ 线圈→直流－202，起动 $2YZJ$。其逻辑回路见图 5-6（e）。

直流＋01→$2YZJ$→$4LJ$→$1LZJ$→直流－02，起动 $1LZJ$。

直流＋01→$2YZJ$→$5LJ$→$2LZJ$→直流－02，起动 $2LZJ$。

直流＋201→$1LZJ$→$1GJ$（或 $2LZJ$→$2GJ$）→$4SJ$ 线圈，起动 $4SJ$，其两对触点分别去跳母线联络及本侧断路器，即：

直流＋201→$4SJ$→$6XJ$→$6LP$ 去起动 $2DL$ 的跳闸线圈，使 $2DL$ 跳闸。

直流＋301→$4SJ$→$10XJ$→$10LP$ 去起动母联的跳闸线圈，跳开母线联络断路器。

（2）不带方向的复合电压闭锁过电流保护。该保护是由电压继电器 2YJ，电压重动中间继电器 2YZJ，电流重动继电器 1LZJ，2LZJ，电流继电器 4～6LJ，时间继电器 3SJ 信号继电器 3XJ 所组成，其逻辑回路如下：

起动 2YZJ、1LZJ、2LZJ 的回路同带方向的复合电压闭锁过电流保护一样。起动 3SJ 时间继电器的回路为：

直流 ＋01 → 2YZJ（或 1YZJ）→ 6LJ（或 1LZJ、2LZJ）→3SJ 线圈→直流－02，使 3SJ 起动。

直流＋01→3SJ→3XJ→2LP→BCJ 线圈→直流－02，使总出口继电器 BCJ 起动。其三对触点闭合后，分别跳开 1DL、2DL、3DL。

6.10kV 侧过电流保护

本侧过电流保护是由 7LJ、8LJ 电流继电器，5SJ 时间继电器，7XJ 信号继电器所组成。其动作的逻辑回路见图 5-6（e）。

直流＋301→7LJ（或 8LJ）→5SJ→直流－302，起动 5SJ 时间继电器，该继电器有两对触点，闭合后分别去跳本侧断路器 3DL 和母线联络断路器，即：

直流＋301→5SJ→7XJ→7LP→使 3DL 跳闸线圈励磁，跳开 3DL。

直流＋301→5SJ→11XJ→11LP→使母线联络断路器跳闸线圈励磁，跳开母线联络断路器。

7. 信号回路

在信号回路中有瓦斯、温度、110kV 侧及 35kV 侧电压回路断线等信号。当各种信号动作后，均有光字牌显示见图 5-6（f）。

本变压器所设各种保护动作后，均有信号表示，并发出掉牌未复归光字牌。

第六章 自动装置的二次回路图

第一节 自动按频率减负荷装置（ZPJH）的二次回路图

一、自动按频率减负荷装置的构成

自动按频率减负荷装置是由低周继电器、时间继电器和出口中间继电器构成，其原理接线见图 6-1。

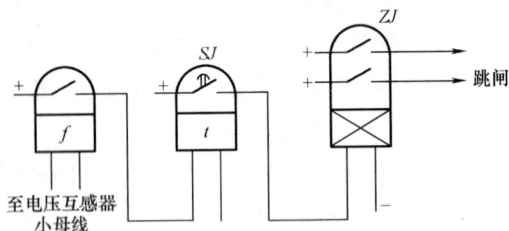

图 6-1 自动按频率减负荷装置原理接线

当系统频率降到低周继电器的动作值时，低周继电器动作，其常开触点闭合，起动时间继电器 t，经过预定的时限后，时间继电器的延时常开触点闭合，使出口中间继电器 ZJ 动作，发出跳闸脉冲。即：

$+ \to f \to ZJ$ 线圈 $\to -$；

$+ \to ZJ \to$ 跳闸。

二、自动按频率减负荷装置的电流闭锁问题

受电线路发生故障被断开系统电源时，或当变压器因故

障断开时，用户的电动机将向故障点提供反馈电流。反馈电流的频率很低，可能造成自动按频率减负荷装置误动作。为了解决这个问题，加装了电流闭锁回路，其接线见图6-2。

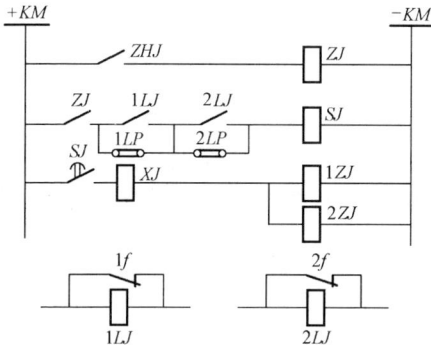

图6-2 自动按频率减负荷装置的电流闭锁回路

注 正常运行时1LP、2LP连片断开。

图中，电流继电器1LJ和2LJ接于线路或变压器的电流互感器二次回路，正常负荷电流时即能起动。因此，只有当线路或变压器有负荷时，自动按频率减负荷装置才能动作。当系统故障，继电保护动作后，故障的线路和变压器没有电流通过，电流闭锁继电器1LJ和2LJ失电，其常开触点断开了时间继电器SJ的线圈回路，自动按频率减负荷装置被闭锁而不动作。即：

＋KM→2HJ→ZJ线圈→－KM，中间继电器ZJ起动；

＋KM→ZJ→1LJ→2LJ→SJ线圈→－KM，因1LJ或2LJ触点已断开，故SJ继电器不能起动。

在运行中，由于电流闭锁继电器1LJ和2LJ经常处于带电状态，负荷电流又很大，易造成断电器触点抖动，降低自动按频率减负荷装置的可靠性。为此，将中间继电器 ZJ 的常闭触点并联在电流闭锁继电器的线圈两端。这样，正常时电流继电器线圈被短接，电流闭锁继电器不动作。只有当低周继电器起动后，其常闭接点打开，电流闭锁继电器通电，才能对按频率减负荷装置进行闭锁。

图中，1LJ、2LJ 是和并列运行的两台变压器对应的。当一台变压器停用时，应把停用变压器对应的电流闭锁触点用连片 1LP 或 2LP 短接；当变压器投入时，再断开相应的连片。

当系统因故障频率降低时，低周减负荷装置动作过程如下：

$+KM \rightarrow ZHJ \rightarrow ZJ$ 线圈 $\rightarrow -KM$，起动中间继电器 ZJ。

$+KM \rightarrow ZJ \rightarrow 1LJ \rightarrow 2LJ \rightarrow SJ$ 线圈 $\rightarrow -KM$，起动时间继电器 SJ。

$+KM \rightarrow SJ \rightarrow XJ$ 线圈 $\rightarrow 1ZJ$（$2ZJ$）$\rightarrow -KM$，起动跳闸出口继电器 $1ZJ$ 和 $2ZJ$，跳开各路断路器。

第二节　自动重合闸装置（ZCH）的
二次回路图

根据统计资料和运行经验可知，输电线路的短路故障大部分是瞬时性故障，例如雷电放电、输电线受风刮互相靠近将空气隙击穿以及树枝或鸟害使导线短路等故障。瞬时故障所产生的电弧在线路断路器跳闸后就会熄灭，在线路断路器再次接通时，不会再引起复燃。对于瞬时性故障，由于继电保护动作将断路器跳闸，就将对用户造成停电。

如果在线路断开后又能很快地将断路器再次接通，恢复对用户的供电，则对提高电力系统运行的可靠性和保证用户供电的连续性将起重要的作用。这就是说，断路器因线路故障跳闸后，间隔很短时间再自动重合一次。如果线路发生的是瞬时性故障，断路器重新合闸成功，就能保持对用户的供电；如果线路发生的是永久性故障，则继电保护起动，断路器第二次跳闸，将故障切除。

自动重合闸装置就是具备上述功能的一种自动装置。

运行经验证明，自动重合闸装置对电力系统的安全运行很有成效。据统计，自动重合闸装置动作成功的次数大约占总动作次数的70%~80%。

自动重合闸装置主要有三相一次自动重合闸和综合重和闸两大类。三相一次自动重合闸主要应用于110kV及其以下电压等级的送电线路上；综合重合闸则应用于220kV及其以上电压等级的线路上。综合重合闸的特点是可以单相跳闸、单相重合运行，也可以三相跳闸、三相重合等方式运行。

目前，在变电所中使用最普遍的三相一次自动重合闸装置是DH-2A型，这是一种电磁型重合闸继电器。它主要通过电容器充放电来实现重合闸动作，因此，又称为电容式自动重合闸，其接线见图6-3。

构成电容式重合闸的主要元件有：时间继电器 SJ 及附加电阻 $5R$、中间继电器 ZJ、电容 C、充电电阻 $4R$、放电电阻 $6R$、信号灯 XD 及电阻 $17R$。

当送电线路在正常运行状态时，断路器合闸、跳闸位置继电器 TWJ 失电，它的常开触点 TWJ_1 打开，时间继电器

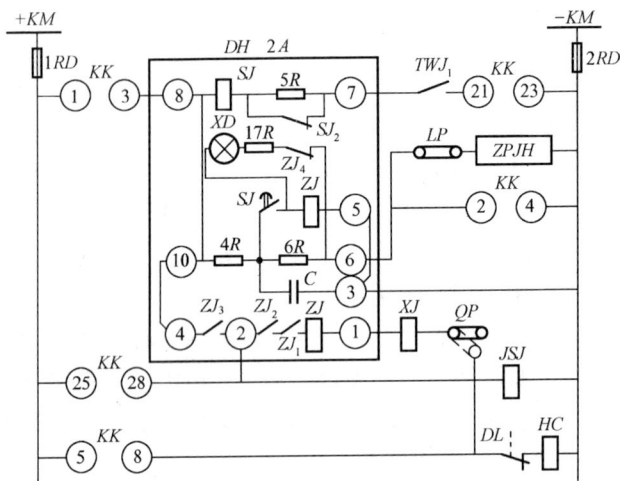

图 6-3　电容式自动重合闸接线

SJ 不带电。自动重合闸装置投入运行时，控制开关 KK 把手旋至"投入"位置，$KK_{①③}$ 接通，此时：

正电源→$KK_{①③}$→$4R$→C→负电源回路接通，电容 C 充电。中间继电器 ZJ 不带电，控制开关 $KK_{㉕㉘}$ 触点，在"合闸后"位置是接通的。

当送电线路发生短路故障时，继电保护动作，将断路器跳闸。跳闸位置继电器 TWJ 的常开触点 TWJ_1 闭合，此时：

正电源→$KK_{①③}$→SJ 线圈→SJ_2 常闭触点→TWJ_1 常开触点→$KK_{㉑㉓}$→负电源，回路接通，时间继电器 SJ 带电，SJ 的延时常开触点经过整定的延时后接通，电容 C 经 SJ 延时常开触点给中间继电器 ZJ 线圈放电，ZJ 起动它的常开触点 ZJ_1、ZJ_2、ZJ_3 闭合，经过回路：

正电源→$KK_{①③}$→ZJ_3→ZJ_2→ZJ_1→ZJ 电流线圈→信号继电器 XJ→切换片 QP→断路器 DL 常闭触点→断路器合闸接触器线圈 HC→负电源，使信号继电器 XJ 起动，并发出合闸脉冲，断路器自动合闸。

如果合闸成功，跳闸位置继电器 TWJ 失电，TWJ_1 常开触点打开，时间继电器 SJ 失电，整个装置返回，电容 C 又经正电源→$KK_{①③}$→$4R$→C→负电源回路重新充电，准备好下一次动作。

信号继电器 XJ 起动后，在主控室控制屏发出"重合闸动作"的光字牌信号。若断路器是在开关室就地控制，那么就在开关柜上发出掉牌信号。

从上面的动作过程可以看出：时间继电器是重合闸的起动元件，用来整定所需的时间，一般整定为 1～2s；中间继电器 ZJ 是执行元件，发出合闸脉冲，并起动后加速继电器 JSJ。电容 C 是贮存能量元件，它是重合闸装置的核心。正常时，电容 C 经电阻 $4R$ 充电；当起动元件 SJ 延时常开触点闭合后，就对执行元件 ZJ 放电，使 ZJ 动作，发出合闸脉冲。电阻 $4R$ 是电容 C 的充电电阻，电阻 $6R$ 是电容 C 的放电电阻。指示灯 XD 则是表示重合闸运行状态的投入重合闸时灯亮，退出重合闸时灯熄。电阻 $5R$ 和 $17R$ 都是限流电阻，可保证时间继电器 SJ 和指示灯 XD 能长时间带电运行。

下面分析一下电容式重合闸装置的主要技术性能。这些性能主要是指一次重合、闭锁回路以及后加速等方面的问题。

（一）保证重合闸一次动作的回路

电容式重合闸是利用电容器的瞬时放电和长时间充电来实现一次重合的。如果送电线路发生的是永久性故障，重合闸动作后，把断路器投入到故障线上，继电保护必然第二次动作把断路器断开。这时，跳闸位置继电器 TWJ 的常开触点又闭合，时间继电器 SJ 起动，它的延时常开触点经过整定的延时后闭合，但电容 C 的两端的电压恢复到足以使中间继电器 ZJ 起动的电压，需要充电时间 15s 以上。可是从重合闸动作完毕到断路器重新跳闸。一般不超过 2s，电容 C 远远没有充满电，因而执行元件 ZJ 不会动作。这样，就保证了重合闸只能发出一次合闸脉冲。

（二）手动跳闸或手动合闸到故障线上继电保护把断路器断开时应闭锁重合闸

手动跳闸时，控制开关 $KK_{⑪⑫}$ 触点也随着断开，使继电器 SJ 不能起动，ZCH 装置就不会动作。同时，$KK_{②④}$ 触点将重合闸的③、⑥引出端子短接，使电容 C 经放电电阻 $6R$ 放电。这样双重闭锁，实现了手动跳闸时解除重合闸的要求。

手动合闸时，控制开关 $KK_{②④}$ 触点打开，电容 C 开始充电。如果是合闸到故障线上，继电保护动作把断路器断开。控制开关 KK 在"合闸"位置时，$KK_{⑪⑫}$ 触点是接通的，当断路器跳闸后，跳闸位置继电器 TWJ 起动，其常开触点闭合，图 6-3 中的时间继电器 SJ 带电，经过整定的延时，它的延时常开触点闭合。

从电容 C 开始充电到 SJ 延时常开触点闭合，这个过程是在不超过 2s 的时间内完成的。在这段时间中电容器 C 远远没有充满电，因为它充满电的时间是 $15\sim25s$。这时电容器两端的电压不足以使中间继电器 ZJ 动作，重合闸装置就不会发出合闸脉冲。所以，手动合闸到故障线路上，重合闸装置不会发出合闸脉冲，断路器跳闸后不会重合。

（三）指示灯 XD 的动作回路

指示灯 XD 在投入重合闸后是点亮的，它的动作回路是：

正电源$\rightarrow KK_{①③}\rightarrow 4R\rightarrow 6R\rightarrow ZJ_4\rightarrow 17R\rightarrow XD\rightarrow ZJ$ 电压线圈$\rightarrow$负电源。

如果指示灯在重合闸投入后是不亮的，则说明重合闸回路有问题，应及时检查和处理。XD 点亮，说明重合闸回路完好，可以随时准备动作。从这方面来说，指示灯 XD 点亮与否，起到监视重合闸回路完好的作用。

（四）按频率减负荷装置闭锁重合闸

按频率减负荷装置（$ZPJH$）动作时，必须闭锁自动重合闸，否则，当按频率减负荷装置动作把断路器跳开后，自动重合闸装置会重新把断路器合上，这种重合是错误的，应进行闭锁。闭锁接线见图 6-3 中的 $ZPJH$ 回路。如图所示，这时电容器 C 经放电电阻 $6R$ 和压板 LP、$ZPJH$ 的触点放电，触除自动重合闸的工作，从而起到闭锁作用。

（五）重合闸后加速问题

当线路发生短路故障后，继电保护动作，将故障切除，重合闸动作，恢复线路供电。若重合到永久性故障上，从尽快切除故障来说，则希望保护不带时限立即跳闸。这就是说，在重合闸动作后，要求保护加速动作，即所谓重合闸后加速使断路器跳闸。

这个功能是由重合闸后加速回路来完成的。在图 6-3 中，当中间继电器 ZJ 带电后，ZJ 的常开触点闭合，它一方面发出合闸脉冲，另一方面则起动后加速继电器 JSJ，使过电流保护无时限起动，从而达到了加速跳闸之目的。

（六）中间继电器 ZJ 触点串联问题

自动重合闸装置中的 ZJ 继电器的触点是串联使用的。用一对触点行不行呢？运行经验证明，用一对触点是不可

表 6-1 自动重合闸装置的起动回路

ZCH类型	ZCH起动回路	交流电压、电流回路	设备规范
不检查同期 ZCH			
检查线路无电压 ZCH	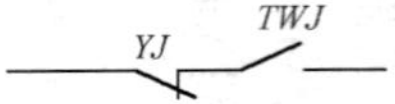	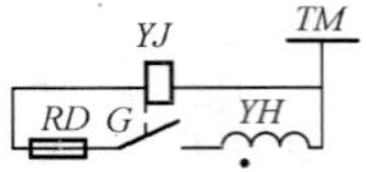	YJ：电压继电器 DJ-122/60
检查线路无电压或同期 ZCH（线路侧有 YH）	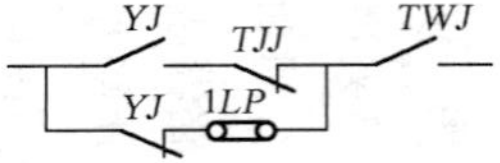	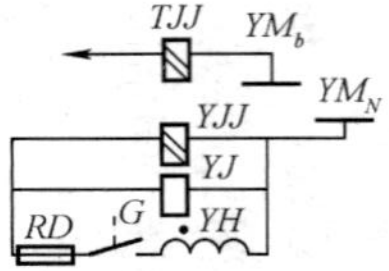	YJ：电压继电器 DJ-13/200 TJJ：检查同期继电器 DT-13/200

170

ZCH类型	ZCH起动回路	交流电压、电流回路	设备规范
检查线路无电压或同期（线路侧是电压抽取装置）			LJ：电流继电器 DL-13/0.05 TJJ：同期检查继电器
平行线检查邻线电流			LJJ：电流继电器 DL-11/2

171

靠的。因为 ZJ 继电器触点的容量不够大，而合闸回路中的电流比较大，容易出现触点粘住故障。用两对 ZJ 触点串联，可增加触点的容量，提高重合闸装置工作的可靠性。

（七）各种类型自动重合闸的起动回路

图 6-3 介绍的自动重合闸原理接线仅适用于单端电源的供电线路。在双侧电源供电的线路上，自动重合闸装置的方式有下列几种：不检查同期的 ZCH、非同期 ZCH、检查同期 ZCH、检查平行线路有电流的 ZCH。

当并列运行的系统具有四条以上的联络线，或有三条联络线，而其中两条在同一时间内长期断开的可能性很小时，则可以考虑采用不检查同期的自动重合闸。

当合闸所产生的冲击电流的周期分量在容许范围内时，可采用非同期自动重合闸。

对多电源的环形电力网络，应采用检查同期的重合闸，即线路的一侧检查线路无电压，另一侧检查同期投入。

对于两侧电源的平行线路，采用一侧检查线路无电压，另一侧检查平行线路有电源的自动重合闸。

上述各类自动重合闸，仅在起动回路上有区别，其它部分相同。现把各类重合闸的起动回路列入表 6-1。

第三节 备用电源自动投入装置（BZT）的二次回路图

一、概述

（一）备用电源自动投入装置的基本概念

在电力系统中，为了提高对重要用电负荷供电的可靠性，往往除有一套工作送电线路和变压器外，还有一套备用的送电线路和变压器。当工作送电线路或变压器因发生短路故障而被切除后，就把备用的送电线路或变压器自动投入，以保证对重要用户的供电。这样，对工作送电线路和变压器来说，由于发生了短路故障，需要切除检修；对用户来说，并没有对它停电，只是把工作线路换成备用线路，把工作变压器换成备用变压器，转换时间一般不超过几秒钟，这就大大提高了对重要用户供电的可靠性。因此，备用电源自动投入装置在电力系统中获得广泛应用。

在变电所中，除装有备用线路或母线分段间的备用电源自动投入装置以及备用变压器的自动投入装置外，为适应调压的需要，还在移相电容器的开关上装设自动投入装置。

（二）备用电源自动投入装置可提高供电的可靠性

当工作线路发生短路故障被切除后，通过备用电源自动投入装置把备用电源自动投入，可保证不中断对用户的供电。图 6-4 示出装有备用电源自动投入装置的供电线路。

图中，1L 是工作线路，2L 是备用线路。断路器 1DL 合上，

图 6-4 装有 BZT 装置的供电线路

2DL 断开。当 1L 发生短路故障时，断路器 3DL 跳闸，线路 1L 失电，1DL 也跳闸。这时备用电源自动投入装置 BZT 动作，把断路器 2DL 自动合上，恢复对用户的供电。

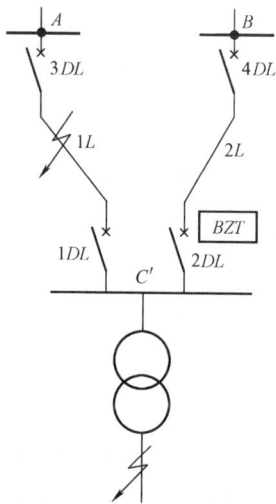

173

二、备用电源自动投入装置的接线和原理

备用电源自动投入装置 BZT 一般由三部分组成：第一部分是低电压起动元件，它由低压继电器 $1YJ$、$2YJ$、时间继电器 SJ 和中间继电器 $1ZJ$ 组成；第二部分是备用电源有电压检查元件，它是由电压继电器 $3YJ$ 和中间继电器 $3ZJ$ 组成；第三部分是自动合闸元件，它由中间继电器 $2ZJ$ 和延时继电器 BSJ 组成，见图 6-5。

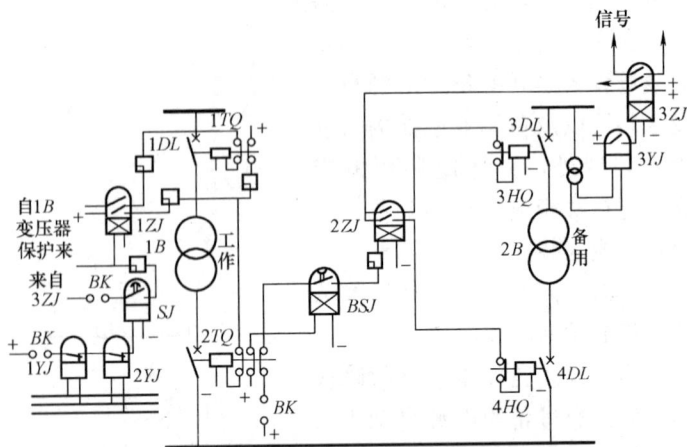

图 6-5　备用电源自动投入装置的原理接线

图中，$1YJ$、$2YJ$ 接在工作母线电压互感器二次侧；$3YJ$ 接在备用电源电压互感器二次侧；BK 是投入 BZT 装置的转换开关，在"投入"位置时，图中的 BK 接点是闭合状态。下面分析 BZT 装置的工作情况。

（一）正常运行时

工作变压器 $1B$ 投入运行，向工作母线供电，这时断路器 $1DL$ 和 $2DL$ 合闸；备用变压器 $2B$ 处于明备用状态，断

路器 3DL 和 4DL 断开。

断路器 2DL 合闸后，它的常开辅助触点闭合，使延时继电器 BSJ 线圈带电，BSJ 的常开触点闭合，但这时中间继电器 2ZJ 并不通电，因为正电源是经过断路器 2DL 的常闭触点来的，2DL 在合闸状态，其常闭辅助触点打开。

（二）发生故障时

当变压器发生故障或由于其它原因使工作母线失去电压时，低电压继电器 1YJ 和 2YJ 同时返回，1YJ 和 2YJ 的常闭触点闭合，时间继电器 SJ 起动，它的常开触点延时闭合，起动中间继电器 1ZJ。1ZJ 有两副常开触点，都同时闭合，其中一副常开触点接通 1DL 的跳闸回路，使 1DL 跳闸；另一副常开触点接通 2DL 的跳闸回路，使断路器 2DL 跳闸。

随着断路器 2DL 的断开，它的辅助常闭触点闭合，辅助常开触点打开，延时继电器 BSJ 失电。但 BSJ 的触点是延时返回的，这就是说，当 BSJ 失电后，它的触点要经过一段时间后才打开。在它尚未打开的时候，中间继电器 2ZJ 的线圈已经通电起动。2ZJ 有两副常开触点，一副常开触点接通备用变压器高压端断路器 3DL 的合闸回路，使 3DL 合闸；另一副常开触点接通备用变压器低压端断路器 4DL 的合闸回路，使 4DL 合闸。断路器 3DL 和 4DL 合闸后，工作母线重新带电，这时工作母线即由备用电源供电。至此，备用电源自动投入装置动作完毕。

需要指出的是，图 6-5 中的中间继电器 2ZJ 的两副常开触点是经过中间继电器 3ZJ 的常开触点接入正电源的。3ZJ 由电压继电器 3YJ 起动，电压继电器 3YJ 接在备用电源电压互感器二次侧。当备用电源没电时，BZT 投入是无益的。此时由于电压继电器 3YJ 失电，其常开触点打开，中间继电器 3ZJ 返回，切断了 2ZJ 接点的正电源，2ZJ 的常开触点虽然接通，也不会使 3DL 和 4DL 合闸。换句话说，在备用电源失电的情况下，BZT 装置不会投入。

（三）几个元件的作用

（1）延时继电器 BSJ 可保证 BZT 装置只动作一次。因为工作电源断开后，BSJ 继电器的线圈就失电了。它的触点延时打开的时间，只能把备用电源合闸 1 次。备用电源合闸完毕、BSJ 的延时返回触点跟着打开，因而 BZT 装置不可能重合第二次。

（2）低压继电器 1YJ 和 2YJ 的触点串联使用，是为了防止 BZT 装置在电压互感器二次回路断线时引起误动。因为当电压互感器的二次回路断线时，低压继电器就会失电，它的常闭触点闭合。利用两只分别接于不同相间电压的低压继电器 1YJ 和 2YJ 的触点串联在起动回路中，即使电压互感器发生断线故障，备用电源自动投入装置也不会误动。因为断线故障通常只能使其中一只电压继电器返回，三相同时断线的机会较少。

三、内桥接线的变电所备用电源自动投入装置的二次接线图

从图 6-6（a）中可以看出，该变电所 110kV 侧为内桥接线，其运行方式有以下三种：

（1）111 和 112 断路器在合闸状态，而 145 断路器在断开位置。

（2）112 断路器在断开位置，而 111、145 在合闸位置。

（3）111 断路器在断开位置，而 112、145 在合闸位置。

针对以上三种运行方式，应装三套备用电源自动投入装置，即：

（1）145 母联断路器自投。当处于第（1）种运行方式时，无电跳 111 或 112 断路器后，自动投入 145 断路器。

（2）112 断路器自投。当处于第（2）种运行方式时，无电跳 111 断路器，自动投入 112 断路器。

（3）111 断路器自投。当处于第 3 种运行方式时，无电跳 112 断路器，自动投入 111 断路器。

下面分别介绍这三套自投装置的二次回路。

（一）111 断路器自投装置二次回路

1. 无电跳 111 断路器

首先看交流电压回路：当 10kV 和 35kV 的 1YH 电压互感器无电时，所接入的电压继电器 1YJ 和 2YJ 起动，使其常闭触点闭合，起动时间继电器 1SJ，经一定的延时，常开触点闭合，经信号继电器 4XJ，7LP 连片去跳 111 断路器，即：$+101 \rightarrow 1YJ \rightarrow 2YJ \rightarrow 1SJ$ 线圈 $\rightarrow -102$，起动时间继电器 1SJ；$+101 \rightarrow 1SJ \rightarrow 4XJ$ 线圈 $\rightarrow 7LP \rightarrow 135$，跳 111 断路器。

2. 111 断路器自动合闸回路

从"111 断路器自投"回路可知，当 111、112 断路器均在跳闸位置时，其辅助触点 111DL、112DL 闭合，故起动三相自动重合闸继电器 1ZCII。经一定的延时，重合闸内部的小中间继电器 ZJ 起动，其常开触点闭合，经信号继电器 1XJ、连片 2LP 去合 111 断路器。即：

$+101 \rightarrow 1LP \rightarrow 1ZCH \rightarrow 112DL \rightarrow 111DL \rightarrow 102$，起动 1ZCH 重合闸继电器；

$+101 \rightarrow 1LP \rightarrow ZJ \rightarrow ZJ \rightarrow 1XJ$ 线圈 $\rightarrow 2LP \rightarrow 103$，去合 111 断路器。

3.111 断路器自投的放电回路

由图 6-6（b）中不难看出，其 1ZCH 的放电回路是由 111 和 112 断路器的控制开关 111KK、112KK 来完成的。当手动将 111 或 112 断路器拉开时，111KK 或 112KK 触点闭合，将 1ZCH 中的充满电的电容器 C 放电。这样，在手动拉开断路器 111 或 112 时，就不致使其再自动合上。

4. 重合闸动作信号回路

当重合闸 1ZCH 动作后，内部的小中间继电器 ZJ 常开触点 ZJ_3 闭合，发出"重合闸动作"的信号。即：

$FM+\rightarrow ZJ_3\rightarrow 953$，去发信号。

（二）112 断路器的自投装置二次回路

1. 无电跳 112 断路器回路

从图 6-6（b）中可知，跳 112 断路器的回路中，是 3YJ、4YJ 和 2SJ 所组成。又从图 6-6（a）中可知，3YJ、

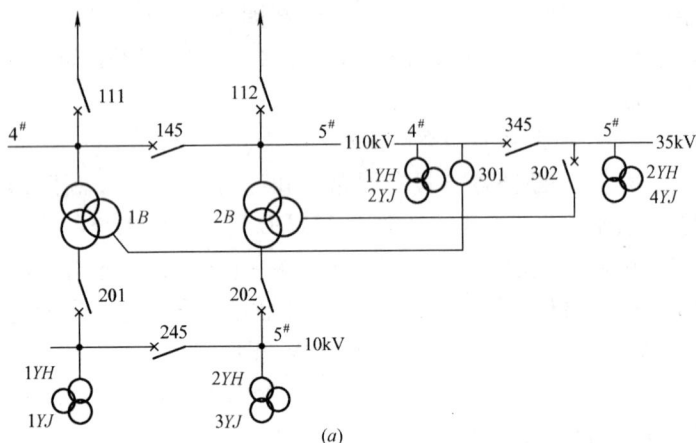

(a)

图 6-6　备用电源自动投入装置的二次回路展开图（一）

(a) 变电所的一次接线示意图；

$4YJ$ 电压继电器分别接于 10kV 的 $5^\#$ 母线和 35kV 的 $5^\#$ 母线。即，当 10kV 和 35kV 的 $5^\#$ 母线无电时，跳开断路器 112。其逻辑回路为：

$+\boxed{101} \rightarrow 3YJ \rightarrow 4YJ \rightarrow 2SJ$ 线圈 $\rightarrow -\boxed{102}$，起动时间继电器 $2SJ$。

$+\boxed{101} \rightarrow 2SJ \rightarrow 5XJ$ 线圈 $\rightarrow 8LP \rightarrow \boxed{135}$，跳 112 断路器。

2. 112 断路器自动合闸回路

从"112 断路器自投"回路可知，当 $111DL$、$112DL$ 断路器的辅助触点在闭合时，$2ZCH$ 重合闸继电器即起动，其逻辑回路同 111 断路器的合闸回路。

3. 112 断路器的放电回路

从图 6-6（b）中可知，其放电回路同 111 断路器，即由 $111KK$、$112KK$ 控制开关来实现。

4. 重合闸动作信号回路

112 断路器的重合闸动作信号回路也与 111 断路器的相同，不再重述。

（三）145 断路器的自投装置二次回路

1. 145 断路器的自动合闸回路

从图 6-6（b）的"145 断路器自投"回路中可知，当 145 断路器在断开位置，并 111 或 112 断路器也在断开位置时，其辅助触点闭合，方能起动 145 断路器的重合闸继电器 $3ZCH$。也就是说，在 145 断路器断开时，当 111 或 112 断路器无电掉闸时，则起动 145 断路器的重合闸继电器 $3ZCH$，其逻辑回路为：

$+1 \rightarrow 5LP \rightarrow 3ZCH \rightarrow 112DL$（或 $111DL$）$\rightarrow 145DL \rightarrow$

179

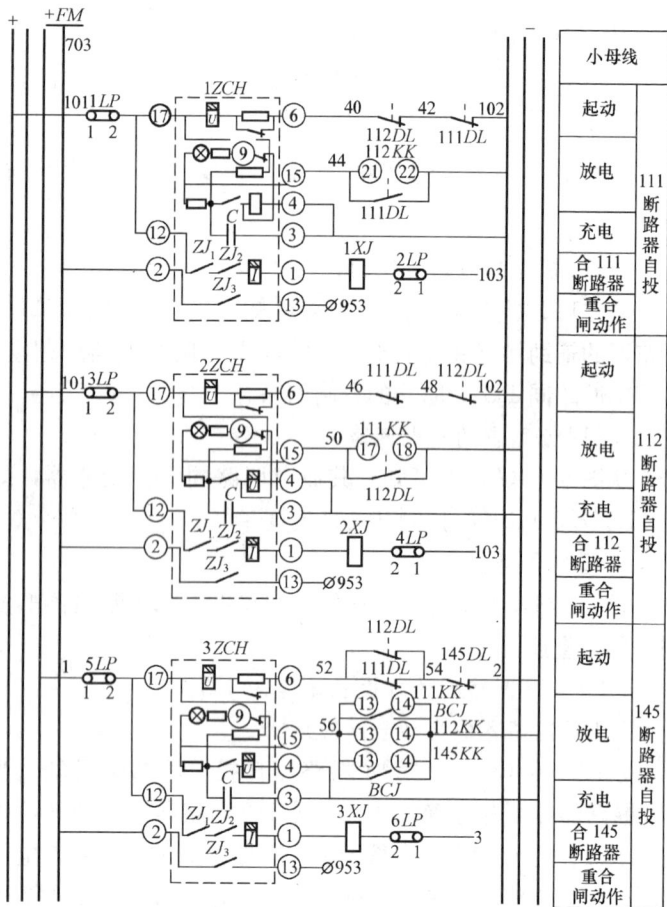

图 6-6 备用电源自动投入

(b) 二次回

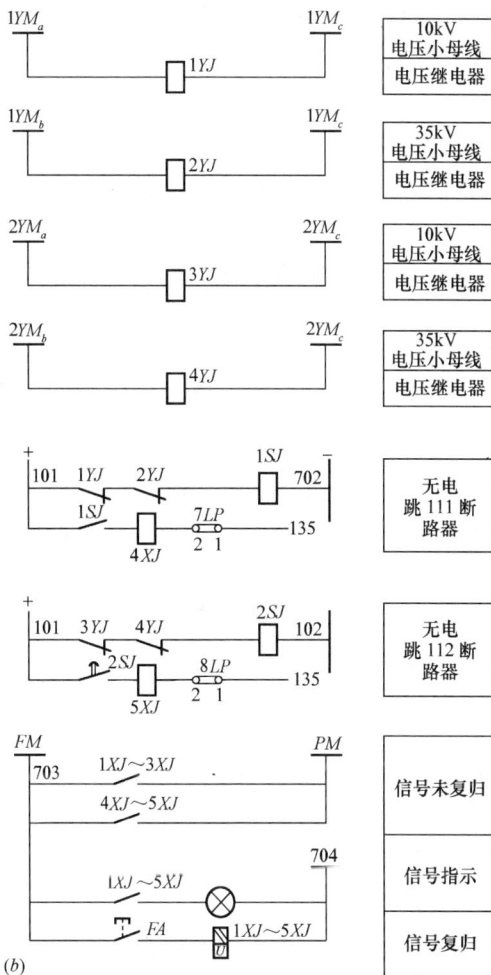

	10kV 电压小母线 电压继电器
1YM_a — 1YJ — 1YM_c	

	35kV 电压小母线 电压继电器

	10kV 电压小母线 电压继电器

	35kV 电压小母线 电压继电器

	无电 跳 111 断 路器

	无电 跳 112 断 路器

	信号未复归
	信号指示
	信号复归

(b)

装置的二次回路展开图（二）

路展开图

－2，起动重合闸继电器 3ZCH，

$+1 \rightarrow 5LP \rightarrow ZJ_1 \rightarrow ZJ_2 \rightarrow 3XJ \rightarrow 6LP \rightarrow 3$，去合 145 断路器。

2.145 断路器的重合闸放电回路

从图 6-6（b）的"145 断路器自投"放电回路可知，其放电的方法为：

（1）在 111、112、145 断路器手把拉闸时，其控制开关 111KK、112KK、145KK 的触点 ⑬ ⑭ 闭合，给 3ZCH 放电。

（2）当 1$^{\#}$ 主变压器或 2$^{\#}$ 主变压器的继电保护出口继电器 BCJ 或 $\boxed{BCJ}$ 动作闭合后，给 3ZCH 放电。

3.145 断路器重合闸继电器动作信号回路

145 断路器重合闸继电器动作信号回路同 111 断路器，不再重述。

四、备用变压器自动投入装置的二次回路图

现以图 6-7 为例加以说明。

1. 变电所的 6kV 侧正常运行方式

601、602、645 断路器在合闸状态，$^{\#}$3 变压器的 303、603 断路器在断开位置（$^{\#}$3 变压器为备用变压器）。

2. 变电所的 6kV 侧异常运行方式

（1）601、645 合闸而 602 断开。

（2）602、645 合闸而 601 断开。

从以上的运行方式可知，$^{\#}$3 备用变压器的自动投入条件应为：

（1）在正常运行方式时，跳 601 和 602 断路器。

（2）在异常方式（1）时，跳 601 断路器。

（3）在异常方式（2）时，跳 602 断路器。

因此，备用变压器自动投入装置的二次回路展开图，应体现出以上的三种情况。现对此变电所自投二次回路展开图进行分析。

1. 正常运行方式时的自投

变电所正常运行方式是通过601、602断路器向6kV母线供电，备用变压器的303、603断路器处于拉闸状态。因此，当因故而601、602跳闸时，应立即投入303、603断路器，恢复对6kV母线的供电。但因#3变压器的容量较小，只能带一些重要负荷，故在跳开601、602断路器时，应切掉不重要的负荷。

(1) 303、603断路器的自投回路〔见图6-7(b)的"重合闸回路"〕：

$+KM \rightarrow 1RD \rightarrow 2LP \rightarrow 2XJ$ 线圈 $\rightarrow ZCH \rightarrow 601DL \rightarrow 602DL \rightarrow 603DL \rightarrow 2RD \rightarrow -KM$，起动重合闸$ZCH$。

$+KM \rightarrow 1RD \rightarrow 2LP \rightarrow 2XJ$ 线圈 $\rightarrow JZ_1 \rightarrow JZ_2 \rightarrow 203$，去合603断路器，并经 $ZJ_3 \rightarrow 103$，去合303断路器。至此，将#3备用变压器两侧的断路器均合上，6kV母线的负荷改由乙电源经303、603断路器带，满足了备用电源自动投入的要求。

(2) 切次要负荷回路〔见图6-7(b)的"甩负荷补助回路"〕：

$+KM \rightarrow 601DL \rightarrow 602DL \rightarrow 3XJ$ 线圈 $\rightarrow ZJ \rightarrow 2RD \rightarrow -KM$，起动$ZJ$中间继电器。其4对常开触点闭合后，分别经$3LP$、$4LP$、$5LP$、$6LP$去跳开四路次要负荷，从而达到甩负荷之目的。

2. 异常运行方式(1)的自投回路(即跳601，投#3变压器的两侧断路器)

此种运行方式是在检修#2变压器或602断路器时出现，

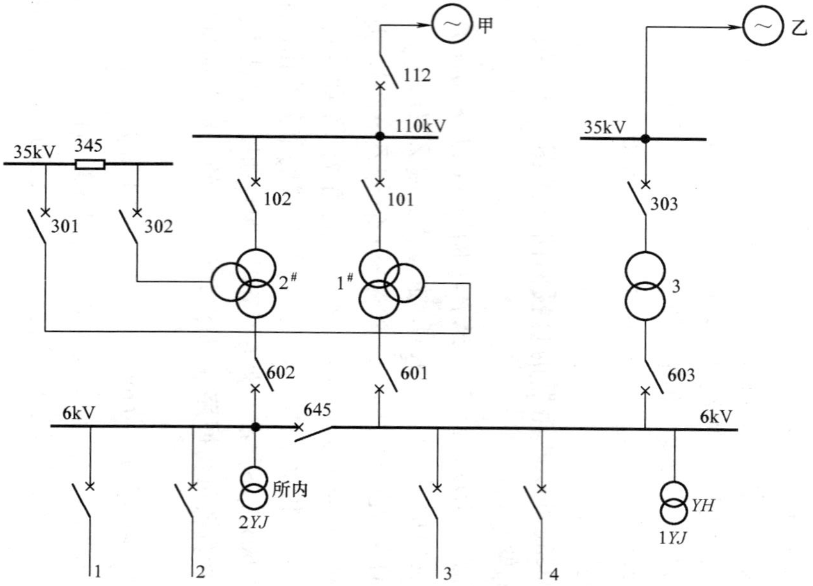

图 6-7 备用变压器自动投入装置的二次回路展开图（一）

(a) 变电所一次接线示意图；

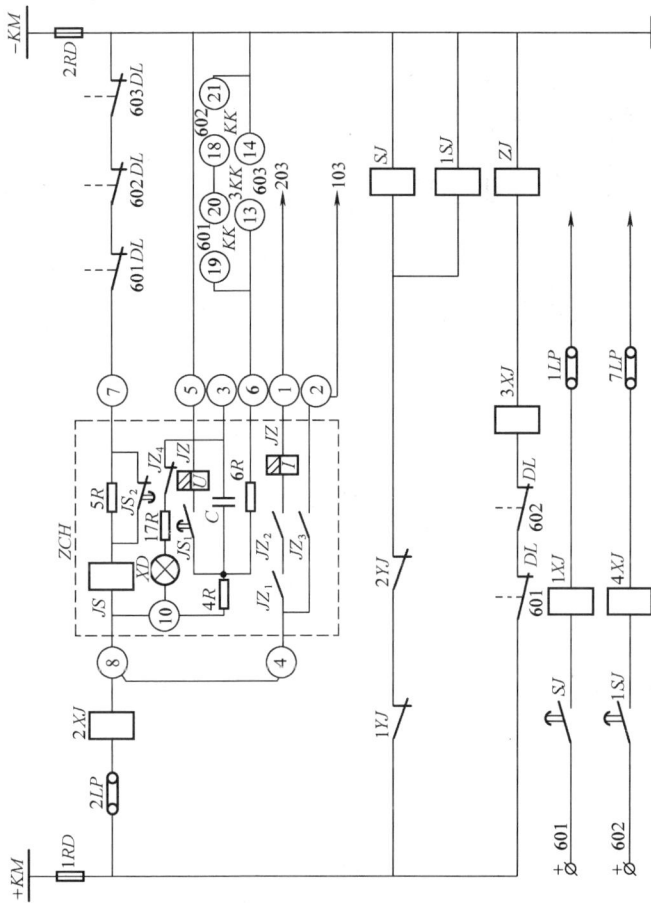

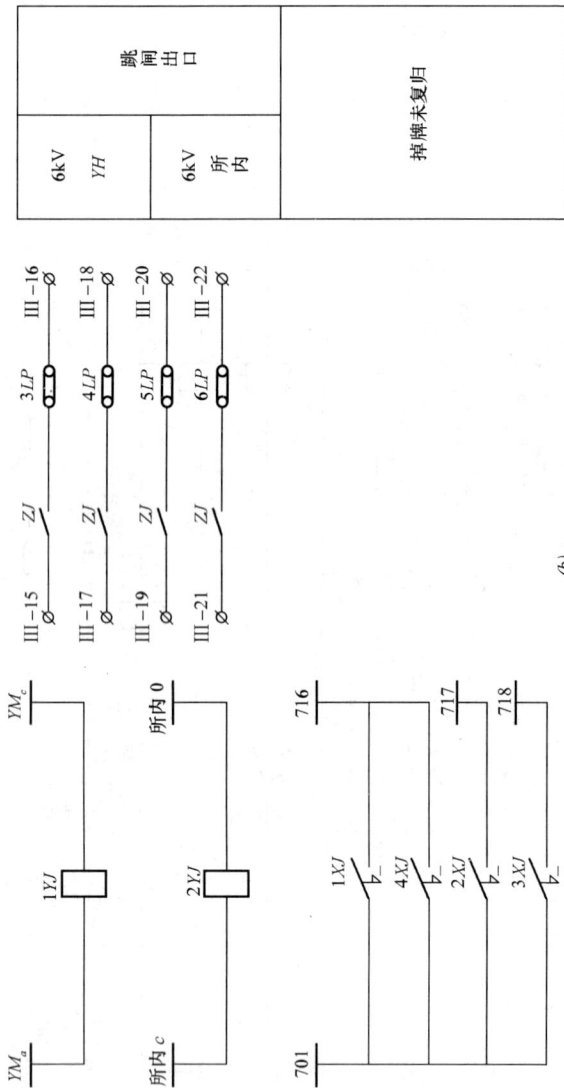

跳闸出口		掉牌未复归
6kV YH	6kV 所内	

图 6-7 备用变压器自动投入装置的二次回路展开图（二）

(b) 自投装置的二次回路展开图

(b)

6kV 母线上的负荷由 601 供电。当 601 跳闸后，应立刻自动地将 303、603 断路器合上，其逻辑回路同正常运行方式，不再详述。

3. 异常运行方式（2）的自投回路（即跳 602，投入 #3 变压器的两侧断路器）

此种运行方式是在检修 #1 变压器或 601 断路器时出现，6kV 母线上的负荷由 602 供电。当 602 跳闸后，应立刻投入 303、603 断路器。其逻辑回路同上。

再有，变电所还设有甲电源无电时跳 601、602 断路器的回路［见图 6-7（b）中的"无压起动"回路］。当甲电源无电时，电压继电器 1YJ、2YJ 常闭触点闭合，起动时间继电器 SJ 和 1SJ，其延时触点闭合后，分别去跳 601 和 602 断路器。即：

$+KM \rightarrow 1RD \rightarrow 1YJ \rightarrow 2YJ \rightarrow SJ$ 和 $1SJ$ 线圈 $\rightarrow 2RD \rightarrow -KM$，起动时间继电器 1SJ、SJ。

$+601 \rightarrow SJ \rightarrow 1XJ$ 线圈 $\rightarrow 1LP$，去跳 601 断路器。

$+602 \rightarrow 1SJ \rightarrow 4XJ$ 线圈 $\rightarrow 7LP$，去跳 602 断路器。

当 601、602 断路器跳闸后，自动地将 303、603 断路器合上，6kV 母线上的负荷改由乙电源供电。

另外，图 6-7（b）中还画出了电压继电器 1YJ、2YJ 分别接在 6kVYH 和 6kV 所内变压器的交流回路，及甩负荷时的"掉闸出口"回路、"掉牌未复归"等回路，此处不再详述。

第七章 母线差动及失灵保护的二次回路图

第一节 母线差动保护简述

在发电厂或变电所的母线上，有可能发生单相接地或者相间短路故障。发生母线故障的原因有以下几个方面：

（1）外力破坏。例如：变电所内的高大设备（如避雷针等）倒塌，金属物落在母线上；站内施工时，吊车碰撞母线等。

（2）绝缘子的损坏。例如：支持瓷瓶的损坏；与母线连接的电流互感器、电压互感器的损坏等。

（3）误操作引起母线故障。例如：带负荷拉开隔离开关引起弧光造成母线短路；带地线误合闸等。

母线故障虽不常见，但一旦发生，则是电气设备最严重的故障之一。因为发生故障时，母线上所连接的元件都被迫停电，并可能造成系统失去稳定，从而扩大了事故，危及整个电力系统的安全运行。

当母线发生故障时，可以利用电源侧的保护装置（如电源侧装的过电流或距离保护，零序过电流保护等）切除故障。这样的保护方式是最简单的，母线本身不需加任何保护装置。但最大的缺点就是切除故障时间过长，往往不能满足系统稳定的要求。因此，这种保护方式只能适应于不重要的较低电压的网络中。至于是否需要装设母线差动保护，应根据以下条件而定：

（1）应考虑系统稳定的要求：当母线上发生故障而不能快速切除时，就会破坏系统的稳定性，在这种情况下就必须装设母线差动保护。

（2）对于具有分段断路器的双母线，并带有重要负荷而线路数又较多时，应视具体情况确定是否装设母线差动保护。

（3）对于发电厂或变电所送电线路的断路器，当其切断容量按电抗器后短路选择的，则在电抗器前（即线路端）发生短路时保护不能起动，此时应装设母线差动保护。

对于母线差动保护的基本要求有：

（1）应能快速地、有选择性地将故障切除。

（2）保护装置必须是可靠的，灵敏度必须是足够的。

（3）对于中性点直接接地系统应装设三相电流互感器，对于中性点非直接接地系统应装设两相电流互感器，因为这时只要反应相同故障。

第二节　单母线完全差动电流
保护的二次回路图

单母线完全差动电流保护的原理接线图，如图 7-1 所示。

从图 7-1 可知，流过差动电流继电器 I 的电流等于各支路二次电流的相量和（假定流向母线的方向为一次电流的正方向），若不考虑电流互感器的励磁电流，则一次电流与二次电流的关系式为

$$\dot I_{\parallel} = \frac{\dot I_{\rm I}}{n}$$

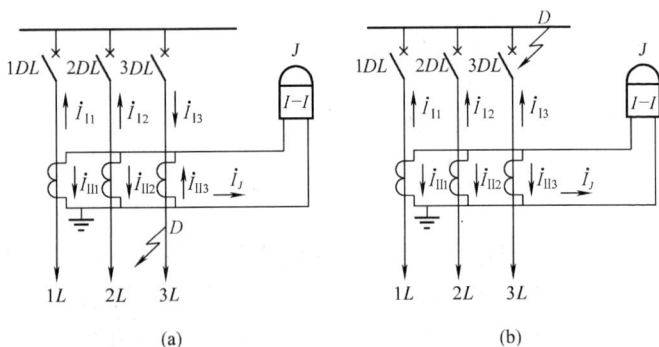

图 7-1 单母线完全差动电流保护的原理接线图

（a）外部故障时；（b）内部故障时

式中 $\dot{I}_{\mathrm{I}}$、$\dot{I}_{\mathrm{II}}$——分别为一次和二次电流；

       n——电流互感器的变比。

下面简单分析各种运行方式下母线差动保护动作的情况：

一、正常运行时

假定各线路中一次电流的正方向均流向母线，又因流过母线的电流应等于流出母线的电流，所以三条线路中的一次电流之和应为零，即

$$\dot{I}_1 + \dot{I}_2 + \dot{I}_3 = 0$$

所以，流过差动继电器 J 的电流也为零。故保护装置不会动作。

二、当外部故障时

如图 7-1(a) 所示，线路 3L 在 D 处发生故障，则一次电流的关系式为

$$\dot{I}_1 + \dot{I}_2 - \dot{I}_3 = 0$$

流入继电器 J 中的电流为

$$\dot{I}_J = \frac{\dot{I}_1 + \dot{I}_2 - \dot{I}_3}{n} = 0$$

通常，实际流入继电器中的电流不为零，而是很小的不平衡电流 $\dot{I}_{bp}$，不足以使电流继电器 I 动作。所以，保护装置也不会动作。

三、内部故障时

如图 7-1(b) 所示，若母线 D 处发生故障，则三条线路的短路电流均向母线流去，一次短路电流之和为

$$\dot{I}_D = \dot{I}_1 + \dot{I}_2 + \dot{I}_3$$

流入继电器 J 中的电流则为

$$\dot{I}_J = \frac{\dot{I}_1 + \dot{I}_2 + \dot{I}_3}{n} = \frac{\dot{I}_D}{n}$$

继电器动作值 I_{dz} 应远小于 $\dfrac{\dot{I}_D}{n}$，所以继电器 I 动作。

第三节　元件固定连接的双母线差动保护的二次回路图

当发电厂和重要变电所的高压母线为双母线时，采用双母线同时运行（即母线联络断路器在合闸状态），每段母线固定连接一部分线路（在连接时，应使每段母线的负荷量趋于均匀）。这样，当一段母线发生故障并被切除后，另一段母线上所连接的线路照常供电，从而提高了供电的可靠性。

元件固定连接的双母线差动保护装置原理接线如图 7-2 所示。

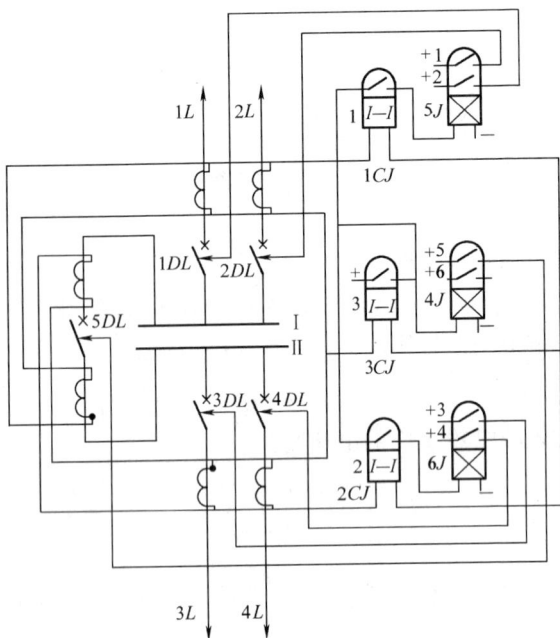

图 7-2　元件固定连接的双母线差动保护原理接线图

一、构成及接线原则

从图 7-2 可知，保护装置共用三组差动继电器。第一组差动继电器 1CJ 是第Ⅰ段母线的选择元件，第二组差动继电器 2CJ 是第Ⅱ段母线的选择元件。它们的作用是确定和区分故障发生在哪一段母线。第三组差动继电器 3CJ 是整个保护装置的起初元件，并在固定连接方式破坏后，防止外部发生故障时保护装置的误动作。

第一组差动继电器 1CJ 接的是第一段母线上所有连接元件电流之和，并动作于切除第一段母线上的连接元件。第二组差动继电器 2CJ 接的是第二段母线上所有连接元件电流之和，并动作于切除第二段母线上连接的元件，起动元件 3CJ 接的是两组选择元件 1CJ、2CJ 的电流相量之和，用来保护整个母线和直接动作于切除母线断路器。

二、正常运行或外部发生故障时的情况

在正常运行情况下以及保护范围外部发生故障时（如图 7-3 所示），流过差动继电器的电流仅是数值很小的不平衡电流。在整定母线差动保护动作值时，已考虑躲过此不平衡电流，故母线差动保护的两组选择元件 1CJ、2CJ 和起动元件 3CJ 均不动作。

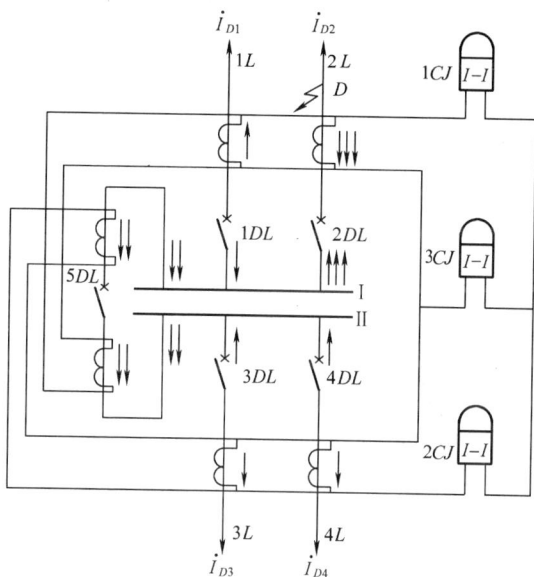

图 7-3 元件固定连接的母线差动保护外部故障时的电流接线图

三、母线故障时的情况

当任一段母线发生故障时（如图 7-4 中的第 I 段母线），母线差动保护将动作，并跳开故障段母线上所连接的断路器。

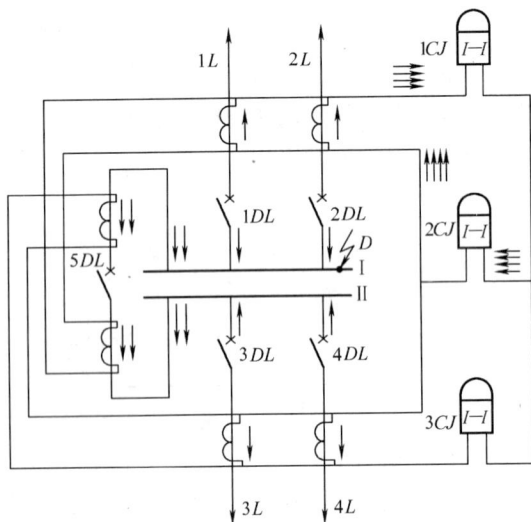

图 7-4　母线 I 段故障时电流分布图

从图 7-4 中可以看出，当 I 段母线发生故障时，选择元件 1CJ 和起动元件 3CJ 中流过全部的故障电流，而故障电流未流经选择元件 2CJ。所以，起动元件 3CJ 和选择元件 1CJ 都起动，2CJ 则不动作。

从图 7-2 可见，起动元件 3CJ 动作后，接通了 1CJ、2CJ 触点的直流"+"极，并起动了继电器 J_4，而 4J 的触点闭合后，去跳开母联断路器 5DL。又由于选择元件 1CJ 动作，其触点闭合，起动 5J，5J 的两对触点闭合。其第 1

194

对触点闭合后去跳开线路 2L 的断路器 2DL；第 2 对触点闭合后去跳开线路 1L 的断路器 1DL。至此，已将Ⅰ段母线所连接的断路器均跳开，切除了故障母线，而非故障母线Ⅱ照常供电。

四、固定连接方式破坏后的情况

当固定连接方式破坏后，仍采用双母线同时运行时，若母线上发生故障，则会将母线上所连接的断路器全部跳掉，如图 7-5 所示。

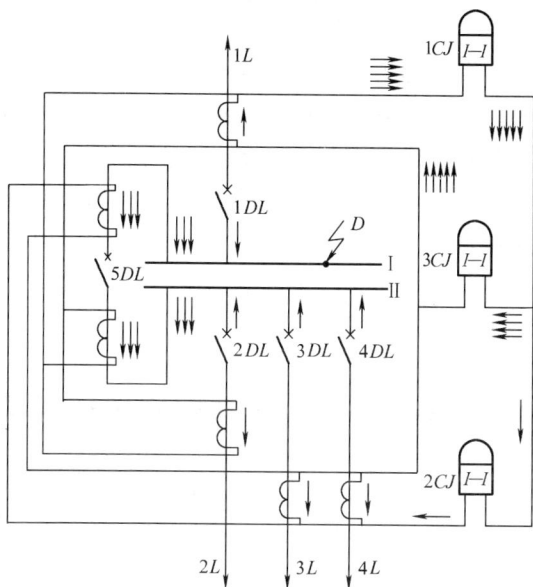

图 7-5 固定连接方式破坏后Ⅰ段母线发生故障时电流分布图

从图 7-5 可以看出，当Ⅰ段母线 D 处发生故障时，

$1CJ$、$2CJ$、$3CJ$ 均有短路电流流过，并能动作起来，无选择性地将Ⅰ段和Ⅱ段母线上连接的断路器全部切除。

若固定连接方式受到破坏后，仍采用双母线运行，而保护区外部又发生故障时，选择元件 $1CJ$ 和 $2CJ$ 将流过全部故障电流，但起动元件 $3CJ$ 则未流过故障电流。所以不会造成整套保护装置的误动作。

第四节 电流相位比较式母线差动保护的二次回路图

元件固定连接的母线差动保护装置，在元件固定连接方式受到破坏后，如果二次电流不做相应的改变，则将造成无选择性的切除故障，扩大了事故。这是第三节中讲的元件固定连接方式母线差动保护存在的问题。而电流相位比较式母线差动保护，可以克服这一缺点。当母线上所连接的断路器改变运行方式时（即从一条母线倒换至另一条母线时），母线差动保护仍有选择性。所以，目前在 $110 \sim 220\text{kV}$ 的电力系统中广泛应用。

一、电流相位比较式母线差动保护装置的动作原理和二次回路

这种保护装置的接线如图 7-6 所示，从交流电流回路可知，A、B、C 三相均有电流互感器，适用于大电流接地系统。

1. 动作原理

从图 7-6 可见，保护装置共有两组差动继电器：第一组差动继电器为 $1 \sim 3CQJ$ 是整套保护的起动元件，用来判断母线上是否有故障，只有当母线发生故障时，$1 \sim 3CQJ$ 才

能动作，并分别接在差动电流回路的 A、B、C 相上；第二组差动继电器 $1\sim 3$LXB 采用 LXB-1A 型电流相位比较继电器，它的两个电流线圈分别接在差动电流回路及母线联络断路器的电流回路 A、B、C 相上。

$1\sim 3$LXB 两电流线圈的 9 和 12 为继电器的同极性端子。当分别由 9 和 12 端子通入的差电流和母联电流同相时，相位比较继电器 $1\sim 3$LXB 处于 $0°$ 动作区的最灵敏状态，这时执行继电器 $1\sim 3JJ_1$ 动作，使 I 段母线上所连接的断路器跳闸；当分别由两个极性端子通入的差电流和母联电流相反时，$1\sim 3$LXB 处于 $180°$ 动作区的最灵敏状态，这时 $1\sim 3JJ_2$ 动作，使 II 段母线上所连接的断路器跳闸。

2. 闭锁回路

为了保护装置的可靠运行，采用了闭锁回路。

(1) 选择元件的闭锁：为了提高选择元件 LXB 的可靠性，在正常运行时，用起动元件 CQJ 的常闭触点 $1\sim 3$ CQJ_{8-10} 将选择元件 $1\sim 3$LXB 闭锁。只有当起动元件动作后，才能解除闭锁，这样就防止了因选择元件误动作造成的事故 [见图 7-6(c)]。

(2) 电流互感器二次侧断线闭锁回路：从图 7-6 中可以看出，零序电流继电器 LJ_0、时间继电器 SJ 和闭锁中间继电器 $1BSJ$ 组成了电流互感器二次侧断线闭锁回路。当电流互感器二次回路发生断线时，LJ_0 动作，起动 SJ，其常开触点经一定的延时闭合起动 $1BSJ$，借助 $1BSJ$ 的常闭触点断开母线差动保护的正电源，防止了母线差动保护的误动作。同时，$1BSJ$ 的常开触点闭合后，发出电流互感器二次回路断线的信号 [见图 7-6(a)]。

(3) 母线差动保护的交流电压闭锁回路：在正常运行

中，为了防止由于差动继电器的误动作而引起整套保护装置的误动，从图 7-6(c) 中可知：Ⅰ段母线装设了由低电压继电器 $1YJ$、零序过电压继电器 $1YJ_0$、负序过电压继电器 $1YJ_2$ 及中间继电器 $1 \sim 2YZJ$ 所组成的电压闭锁回路；Ⅱ段母线装设了由 $2YJ$、$2YJ_0$、$2YJ_2$ 及 $3 \sim 4YZJ$ 所组成的电压闭锁回路。

在正常运行时，$1 \sim 2YJ$、$1 \sim 2YJ_0$ 及 $1 \sim 2YJ_2$ 均不动作，这时，$1 \sim 2YJ_0$ 及 $1 \sim 2YJ_2$ 处于失磁状态，而 $1 \sim 2YJ$ 处于励磁状态。从图 7-6(a) 中可以看出，$1 \sim 4YZJ$ 均为失磁状态，借助于 $1 \sim 4YZJ$ 的常开触点，分别将Ⅰ、Ⅱ段母线上所连接断路器的跳闸回路断开，这样，即使母线差动保护的出口继电器 $2 \sim 5MCJ$ 动作，也不会使断路器跳闸〔见图 7-6(b)〕。

当母线上发生不对称故障时，YJ_0 及 YJ_2 动作；当发生对称性故障时 YJ 动作。这样，靠 YZJ 中间继电器的动作（常开触点闭合）解除闭锁。

二、在故障情况下保护装置的动作过程

1. 区外故障和正常运行时

在区外故障和正常运行时，差动电流回路中的不平衡电流很小，如图 7-7 所示。这个不平衡电流不能使起动元件 CQJ 动作。

而选择元件 LXB 中也只有母联电流流过，所以也不会动作。因此，整套保护是不动作的。

2. 当Ⅰ段母线发生故障时

当Ⅰ段母线上发生三相对称性短路时，差动电流回路中流过全部故障电流，如图 7-8 所示。所以起动元件 $1 \sim 3CQJ$ 动作，并使其常闭触点 CQJ_{8-10} 打开，解除对选择元

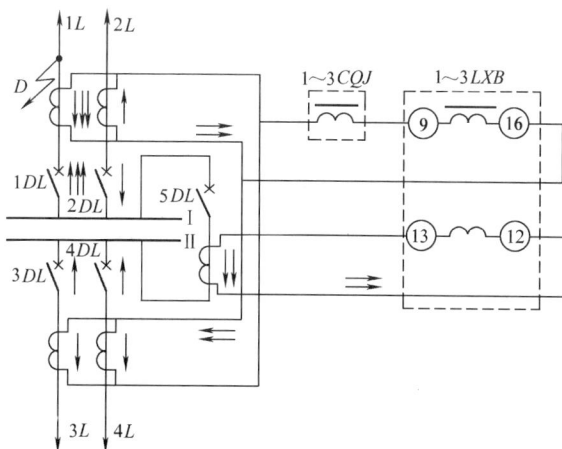

图 7-7　保护区外发生故障时的电流分布情况

件的闭锁，故选择元件 LXB 动作。此时，线路 3L、4L 中
的故障电流经母线 Ⅱ 和母线联络断路器 5DL 流到故障母线
Ⅰ 的故障点 D。因此，母联电流经 LXB 的极性点 10 流进。

　　由于差动回路中的故障电流和母联回路中的故障电流分
别由 1～3LXB 的极性点 9 和 12 流入，如图 7-6 所示。所以
1～3LXB 处于 0°动作区的最灵敏状态，其执行元件 1～
3JJ₁ 动作，起动 2MCJ 和 3MCJ。

　　另外，当 Ⅰ 段母线发生三相对称性短路时，低电压继
器 1YJ 动作其常闭触点闭合，起动 1～2YZJ，解除对母线
差动保护出口的闭锁。

　　直流逻辑回路动作过程，见图 7-6(a)。

　　(1) 母线差动出口继电器 2～3MCJ 起动：

　　+KM→1RD→1BSJ→1～3CQJ→1～3JJ₁→XJ₁→2～
3MCJ 线圈→SHJ→2RD→−KM。使信号继电器 XJ₁ 和

199

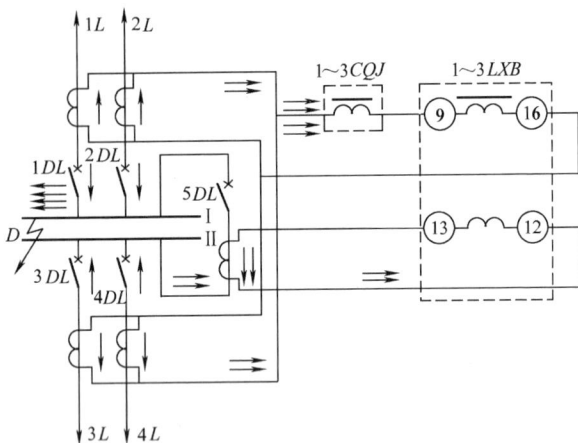

图 7-8 Ⅰ段母线上发生故障时的电流分布情况

MCJ 励磁。

（2）母线联络断路器跳闸出口继电器 MLJ 起动：

$+KM \to 1RD \to 1BSJ \to 1\sim3CQJ \to XJ_L \to MLJ$ 线圈和 $1MCJ$ 线圈 $\to 2RD \to -KM$，使信号继电器 XJ_L 和 MLJ 及 $1MCJ$ 励磁，分别发出信号，跳开母线联络断路器 $5DL$，解除各路出线重合闸。

（3）低电压继电器 $1YJ$ 起动：

$+KM \to 1RD \to 1YJ \to 1LP \to 1\sim2YZJ$ 线圈 $\to 2RD \to -KM$，使低电压闭锁中间继电器 $1\sim2YZJ$ 励磁，常开触点闭合，解除母线差动保护出口的闭锁。

（4）跳闸回路：

$1DL$ 跳闸： $+ \to 1YZJ \to 2MCJ \to 5LP \to$ 到 $1DL$ 跳闸线圈。

$2DL$ 跳闸： $+ \to 1YZJ \to 2MCJ \to 6LP \to$ 到 $2DL$ 跳闸

线圈。

5DL 跳闸：＋→MLJ→4LP→到 5DL 跳闸线圈。

第五节　失灵保护的二次回路图

一、概述

在电力系统发生故障时，继电保护装置已经起动，但因断路器失灵而不能跳闸，故障不能切除，在这种情况下，利用已起动的继电保护装置，通过一定的逻辑回路，使发生故障的线路（或变压器等元件）所在母线上的其他元件（包括母线联络断路器）全部跳开，切除故障。此种保护称之为失灵保护。例如，某变电所有四条出线和一个母线联络断路器，如图 7-9 所示。

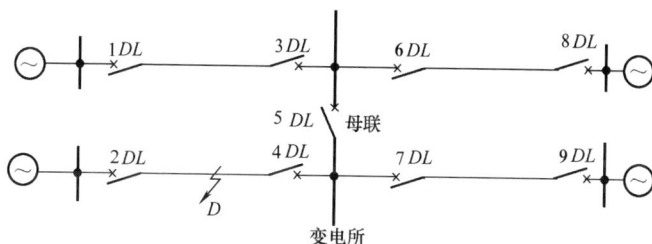

图 7-9　失灵保护的作用示意图

当变电所 4 号断路器的线路 D 点发生故障时，线路两侧的继电保护装置均已起动，对端断路器跳闸，若 4 号断路器因机构失灵未跳开，则此时可通过失灵保护首先将母线联络断路器跳开，然后再跳掉 7 号断路器，将故障切除。

该保护外部的二次回路较复杂，它要把母线上所有断路器的保护装置跳闸回路都集中在一面失灵保护盘上。所以，

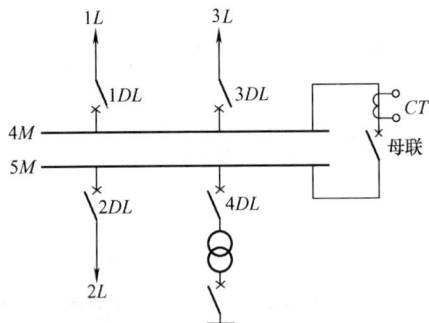

(a)

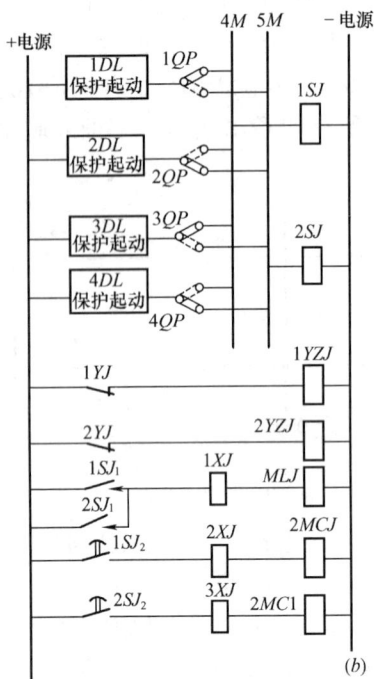

直流电源
1DL保护起动
跳4M元件起动
2DL 保护起动
3DL保护起动
跳5M元件起动
4DL保护起动
4M 低电压起动
5M 低电压起动
跳母联出口起动
跳4M出口起动
跳5M 出口起动

(b)

图 7-10 二

(a) 一次接线；(b) 保护装置的直流逻辑回路；(c) 跳

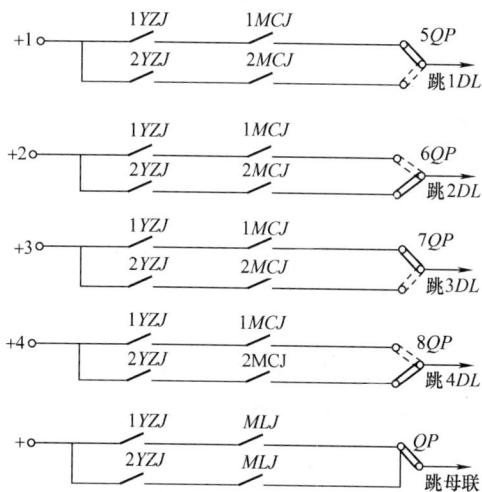

(c)

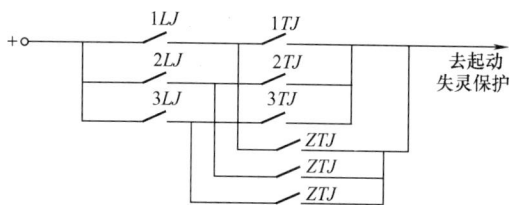

(d)

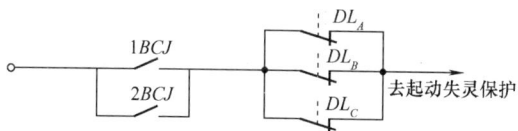

(e)

次接线回路

闸回路;(d) 线路起动回路;(e) 主变压器起动回路

一般只有在 220kV 及以上电压等级的变电所（或发电厂）中才使用。

二、二次接线

失灵保护一般由起动部分、延时部分、逻辑回路、低压闭锁等部分所组成，其二次回路接线如图 7-10 所示。

失灵保护动作情况说明：

从图 7-10(a) 可知，一次接线为双母线并带有母线联络断路器；$1L$、$3L$ 线路在 $4M$ 母线上运行，$2L$ 线路及主变压器在 $5M$ 母线上运行。

（1）当 $1L$ 线路发生故障，断路器 $1DL$ 失灵拒绝跳闸时，失灵保护动作情况。当 $1L$ 线路发生故障时，$1DL$ 的保护装置已经起动，即 $1L$ 线路的相电流继电器 $1LJ \sim 3LJ$，分相跳闸继电器 $1TJ \sim 3TJ$ 均已动作，见图 7-10(d)。正电源通过 $1LJ$（或 2、$3LJ$）、$1TJ$（或 2、$3TJ$）触点加到延时继电器 $1SJ$ 上，所以 $1SJ$ 起动。其逻辑回路为：

＋电源→$1LJ$（或 2、$3LJ$）→$1TJ$（或 2、$3TJ$）→$1QP$ →$4M$→$1SJ$ 线圈，→－电源，起动了 $1SJ$，见图 7-10(b)。

$1SJ$ 有两对延时触点：一对是滑动触点 $1SJ_1$，它延时闭合后起动 $1XJ$ 信号继电器和跳母线联络断路器的中间继电器 MLJ，发出跳母线联络断路器的信号，并跳开母线联络断路器。其逻辑回路为：

＋电源→$1SJ_1$→$1XJ$ 线圈→MLJ 线圈→－电源。

＋电源→$1YZJ$→MLJ→QP→跳母联。

$1SJ$ 的另一对终端触点 $1SJ_2$ 延时闭合后，起动 $2XJ$ 信号继电器和跳 $1DL$ 的出口中间继电器 $1MCJ$，即：

＋电源→$1SJ_2$→$2XJ$ 线圈→$1MCJ$ 线圈→－电源，使 $2XJ$ 和 $1MCJ$ 起动。

＋电源→1YZJ→1MCJ→7QP→跳 3DL。

到此，故障已切除。

若 3DL 所接的线路为负荷线，因母线联络断路器跳开后，已无故障电流，所以 1～3LJ 返回，就不再跳 3DL。

（2）主变压器故障，4DL 断路器失灵拒跳时的动作情况。

1）主变压器 220kV 侧的过电流保护动作，4DL 失灵拒跳时，过电流保护的出口中间继电器 1BCJ 起动后不能返回，直流"＋"电源通过 1BCJ 触点和主变断路器辅助触点 DL［见图 7-10(e)］，起动延时继电器 2SJ。2SJ 起动后，第一段延时跳开母线联络断路器，第二段延时跳开 2DL，切除故障。

2）主变压器的差动或瓦斯保护动作，4DL 失灵拒跳时，因故障未消除，差动和瓦斯保护的出口中间继电器 2BCJ 不能返回，所以直流"＋"电源通过 2BCJ 触点和 4DL 的辅助触点 DL，起动了延时继电器 2SJ，其第一段延时 $2SJ_1$ 闭合后，跳开母线联络断路器，第二段延时触点 $2SJ_2$ 闭合后，经 5M 母线上的低电压中间继电器 2YZJ 和 2MCJ 及切换联片 6QP 去跳开 2DL，切除故障。

应当指出的是，当变压器内部轻微故障，电压低不到 2YZJ 的动作值时，则失灵保护也不能切除故障。

第八章 直流电源的二次回路图

第一节 概　　述

　　发电厂和大、中型变电站的直流电源通常都装有蓄电池组，因为它是一个独立的电源，所以，它不受交流电的影响。当电力系统发生事故时，甚至在整个电厂或整个变电站交流电全停的情况下，它仍能保证控制、信号、继电保护装置和自动装置连续可靠地工作，同时还可以供事故照明用电。由于蓄电池组容量大、电压平稳，因而多用于各种比较复杂的继电保护和自动装置，也适用于对各种类型断路器的传动、试验。在发电厂它还可以供给一些由直流电动机拖动的厂用机械的备用电源（如主机的事故油泵、煤粉锅炉的给粉电动机等）。因此，直流电源的可靠性越大，发电厂、变电站安全运行的可靠性就越大。

　　蓄电池组虽然有以上的优点，但它也存在一些缺点，主要是价格昂贵、寿命短，运行维护复杂，并要配备蓄电池组的一些附属设备，如充电设备、通风设备、调酸设备等，就需要增加投资和建筑面积。另外，蓄电池室尽管有通风设备，但空气中仍存在硫酸的挥发物，对人的身体健康也有一定影响。

　　随着我国半导体技术的发展，制造出了具有较大工作电流、较高工作电压的高效率、长寿命的半导体硅整流元件，为制造整流型电源创造了条件。硅整流做为变电站中的直流电源，其优点有：体积小、造价低、寿命长、维护工作量小，便于施工等。但也存在着突出明显的缺点，如：

（1）受电网影响较大。当电网发生事故失去交流电后，直流电源也随着失去了，这样，不但不能进行合闸操作，就连继电保护动作跳闸和手动拉闸也不能进行了。为解决这个问题，在整流电源加了电容储能、逆止阀、限流电阻等元件，另外在交流电源加了自动装置等。

（2）直流电源中交流成分过大、电压过高，这对半导体保护装置及变电站中的高频保护都有影响。由于直流电压过高，将使一些继电器和直流设备处于过电压运行状态，对其寿命有影响。

进入 80 年代，高倍率的镉镍电池用在了变电站中。这种镉镍电池具有高倍率放电的优点（瞬时放电最大倍率可到 12 倍），无污染。与浮充电机、定充电机配合而组成的 BZGN 型直流镉镍电池屏，目前得到了广泛的应用。

变电站直流电源类型的选择原则是：

（1）对于供电可靠性要求很高的大型枢纽变电站（220kV 及以上电压等级的变电站），宜采用 220V 的蓄电池组直流电源。

（2）对于一般较重要的 110kV 变电站宜采用 BZGN 型直流镉镍电池屏作为站内的合闸、跳闸及继电保护和自动装置的直流电源。

（3）对于一般中、小型的变电站，可选用整流式并加电容储能的直流电源。

第二节　酸蓄电池直流电源回路图

图 8-1 为 220V 直流系统图。图中有两段直流母线，而

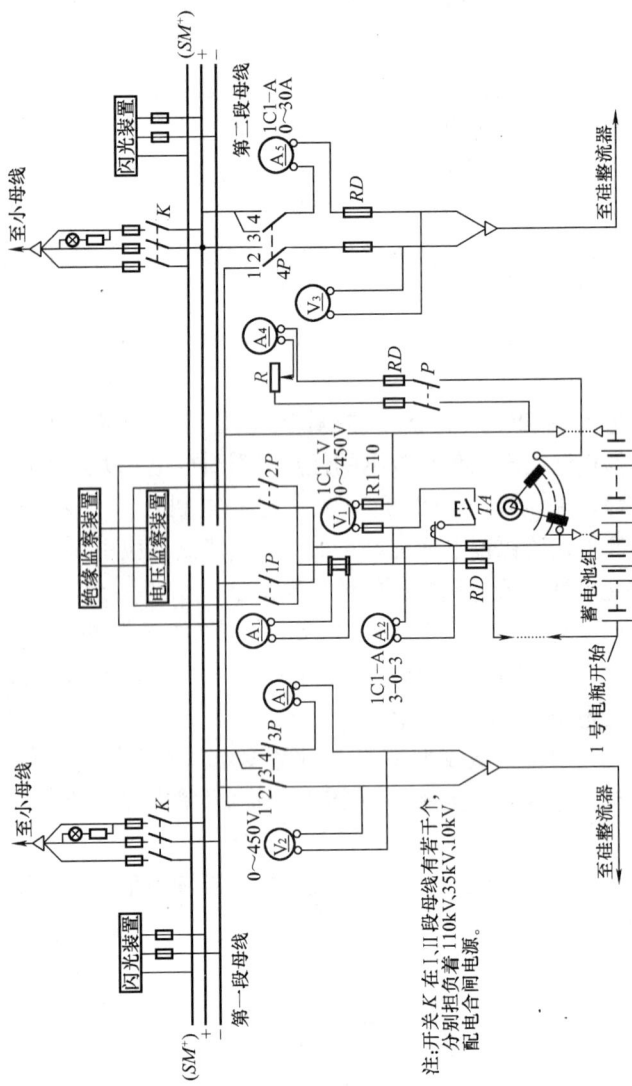

图 8-1 220V 直流系统图

注:开关 K 在 I、II 段母线有若干个,
分别担负着 110kV、35kV、10kV
配电合闸电源。

208

这两段直流母线分别经刀闸与蓄电池组连结，蓄电池组充电装置设两套，每段直流母线设一套，其目的是一套运行，另一套备用。对于图8-1，我们主要介绍运行中的回路和其中各个元件的作用。

直流屏上有许多信号小母线，操作电源、合闸电源都来自直流系统的主母线和闪光信号母线。它们分布于变电站内的所有高压开关屏、保护屏和室内外断路器的机构、端子排和端子箱内。

为什么要设两段直流母线？并且在每段直流母线上都有用途相同的刀开关呢？为了直流系统运行灵活，特别是查找直流接地时，便于分割选择，也就是在不影响其它设备正常运行状态下，只将有问题的单元（设备）退出运行。现以图8-2进行说明（用单线表示）。

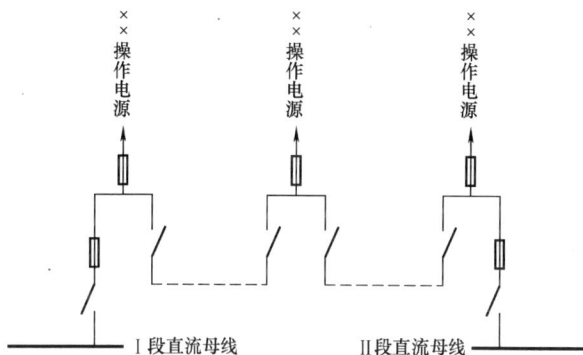

图8-2 直流母线分段网络示意图

从图8-2中可以看出，如果将Ⅰ、Ⅱ段直流操作电源从外面环起来运行，应该肯定说，这种运行方式不如分段运行好，即Ⅰ段或Ⅱ段运行，而另一段作备用。例如，当Ⅰ、Ⅱ

段环路运行时，若在图 8-2 中的操作回路有短路，则有造成Ⅰ、Ⅱ段操作总熔断器熔断的可能。当分段运行时，运行段的操作回路若有短路，虽然会使该段操作总熔断器熔断，但将故障部分隔离后，马上可以由备用段电源送电，或根据故障点的位置，让两段直流母线各带一部分负荷，将故障部分退出，待处理后再恢复。

因为直流系统在变电站中占有重要的地位，所以，为保证它的完好性，要有对它实施监测的装置：如绝缘监察装置、电压监察装置等。这些装置将在后面介绍。

下面介绍图 8-1 中各个电流表、电压表的用途和它们的回路，以及蓄电池组的浮充电回路。

1. 电流表 A_1

当变电站的任何一个断路器（电动）合闸时，其合闸电流可达 75～250A 左右，如果合闸接触器的触点不能立即断开，这个冲击电流将通过电流表 A_1 反应出来，时间延长下去，就有烧坏合闸线圈的危险。遇到这种情况（该直流屏上的电流表 A_1 指示的合闸电流不降下来），值班人员应将合闸电源刀开关瞬间拉合一次，使合闸接触器的触点断开。在这个回路中还接一个分流器，它的作用是将大电流按比例的分成小电流后才通过电流表 A_1，类似于电流互感器的作用，但它与电流互感器的工作原理是根本不同的。

2. 电流表 A_2

电流表 A_2 的主要作用是监视直流负载的大小，因为直流负载的大小直接影响蓄电池的容量和寿命。为了使蓄电池既不过充电又不欠充电，应对直流负载定时进行监测。但实践证明它有如下缺点：其回路中的 T_{A-8} 按钮经常用，一是触点容易烧毛造成接触不良而失控，二是在回路切换的触点也同样会烧坏，更严重的是将影响主回路接通，所以目前已不再使用。那么蓄电池的电压如何监视呢？通常只要每天对蓄电池抽测 1～2 次，单瓶电压在 2.2V 就很正常，如果单瓶电压大于或小于 2.2V，就应及时调整充电电流（蓄电池单瓶电压的高低能反映直流负载的大小）。

3. 电流表 A_3

电流表 A_3 串联于硅整流的充电回路，它的主要用途是监视充电电流的大小。在浮充电时，根据电流表 A_3 的指示值可判断蓄电池组是否过充电或欠充电（单瓶电压的高低是判断方法之一）。

浮充电有对整组蓄电池和只对常用电瓶充电之分。

对整组蓄电池充电：

从图 8-3 可知，不但可以对 ♯1～♯100 电瓶充电，而且对 ♯100 以后的电瓶也可以充电。♯1～♯100 电瓶称为基本电瓶。目前，我国大多数变电站有些电气设备的设计额定直流电压是 220V，每个电瓶的正常电压是 2.2V，100 个电瓶串联正好是 220V。这些基本电瓶经常担负着各种直流负载，需要经常补充消耗掉的电能，所以这些电瓶我们称为基本电瓶。♯100 以后的电瓶称为备用电瓶，顾名思义，它们有随时通过放电滑杆（电刷）滑动到某个电瓶的端子（抽头）上，以提高直流母线电压。如果因直流母线电压过高，也可以使放电滑杆向相反的方向滑动，退出若干个电瓶，以使直流母线电压降低。这是临时保证直流母线电压的措施，其正确的方法是利用提高或降低充电电流，来保持直流母线电压达 220V。

前面谈到对整组电瓶充电时，基本电瓶是边充电、边放电，使电瓶始终保持充满电状态。备用电瓶也参加充电。为防止过充电，生产直流屏的厂家专门为它设计了一个直流负

(a)

(b)

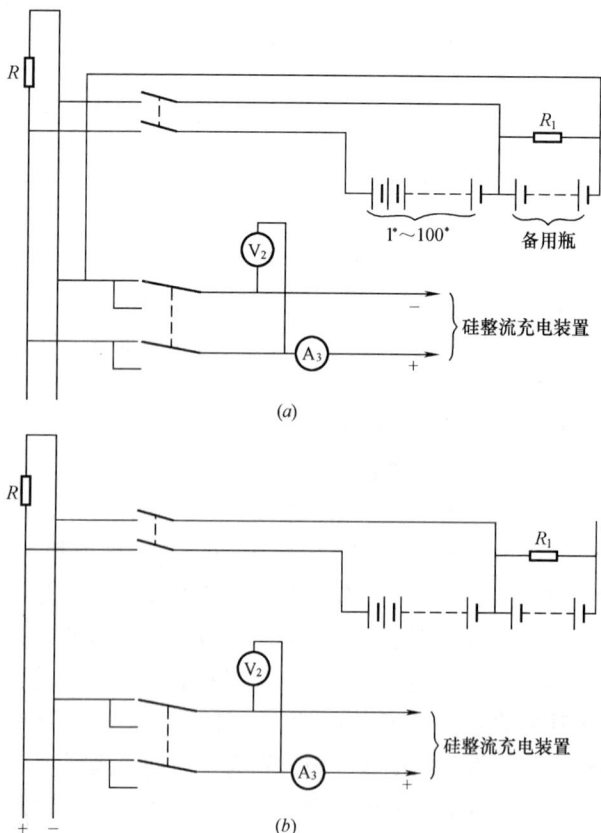

R为直流负载，R_1为备用瓶负载

图 8-3　蓄电池充电回路示意图

(a) 对整组电瓶充电；(b) 对基本电瓶充电

载，称之谓备用瓶放电回路，使它和基本电瓶一样，边充电、边放电、并与基本电瓶同步运行。通过微调电阻达到和基本电瓶的放电电流一致。

4. 直流电压表 V_1

电压表 V_1 的用途比较明显，它并接于蓄电池的首尾，所以它是用来监视整组电瓶总电压的。根据它指示的电压值，可以知道单瓶电压的高低，从而达到监视蓄电池运行状态的好坏。

5. 直流电压表 V_2（V_3）

电压表 V_2（V_3）并接于硅整流输出回路，它主要监视硅整流输出电压的高低，以判断硅整流装置运行是否正常。

第三节 整流操作的直流电源回路图

前面我们介绍了蓄电池的优、缺点，指出在中小型变电站中它已逐渐被整流式的、并加电容储能和交流操作的电源所取代。

采用整流操作电源或交流操作电源均要求是有可靠的交流电源。此电源不仅能在正常运行方式下保证供给操作电源，而且在全站停电后，仍能实现对断路器的操作（手动合闸的操作机构例外）。一般至少应有两路互为备用的站用电源，其中一个最好选用与本站无直接联系的电源（如由其它回路或低压公用线路供给的低压电源）。如不具备这种条件，可采用如图 8-4 所示的接线方式，如高压侧有断路器时，可将一台站用变压器接在电源进线断路器外侧，另一台站用变压器可接在 $6 \sim 10\mathrm{kV}$ 侧，这种方式对变电站进线电压 $110\mathrm{kV}$ 及以下电压等级的变电站是可行的。通常，两台站用变压器一台运行，另一台备用。在低压侧装有备用电源自动投入装置，其接线图如图 8-5 所示。正常运行时，1 号变压器担负全站低压负荷，中间继电器 ZJ 起动，其常闭触点断开交流接触器 2C 的线圈回路，其常开触点接通 1C 的线圈回路，使接触器 1C 处于合闸状态。当 1 号站用变压器低压侧失去电压时，ZJ 继电器失磁，其常开触点由闭合返回，交流接触器 1C 断开，其常闭触点闭合，使交流接触器 2C 的线圈回路接通。因为 2 号站用变压器处于备用状态，交流接触器 2C 一经自动投入，2 号站用变压器便投入工作。

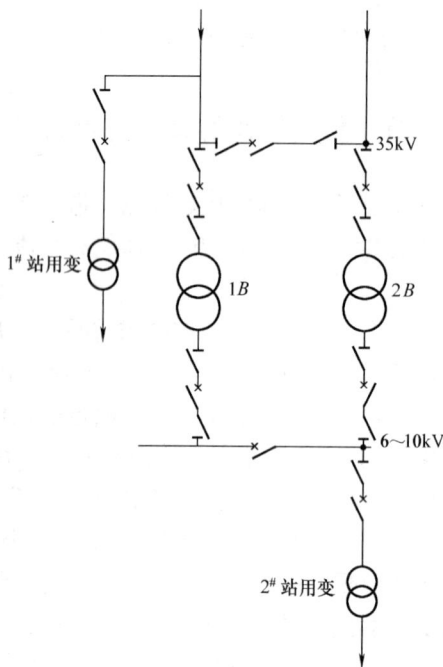

图 8-4　变电站站用变压器接线方式

　　虽然有了上述可靠的站用电源，但不能保证在事故情况下继电保护装置能可靠地切除短路故障点。因为当电力系统

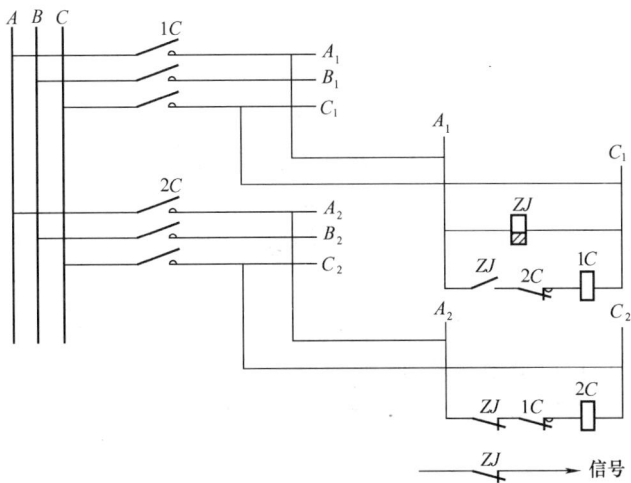

图 8-5　站用电源备用自投接线

中发生短路时，会引起整个交流系统的电压降，如果短路点靠近该变电站的高压母线，则站用变压器低压侧的电压也要降低。因此，单独使用站用变压器的交流电压作为继电保护装置和断路器跳闸回路的操作电源是不许可的。为了保证在事故情况下，继电保护装置和自动装置能正确地动作和断路器能可靠的跳闸。目前广泛采用两种方式的电源：一是采用由电流互感器供给的电流源，因为当发生短路的时候，本单元的设备上要流过较大的短路电流，利用短路电流作为继电保护装置和断路器跳闸线圈的动作电源是可以实现的。交流操作电源以及利用复式整流装置供给的操作电源就是根据这一原则实现的。另一种是利用电容器储能的电源，在正常情况下让电容器充满电，当发生故障时，充满电的电容器向继电保护装置的操作回路及断路器的跳闸线圈放电，以保证故障单元的断路器可靠的跳闸。

采用交流操作的最大优点是操作回路单元化。每个馈电线路的断路器、每台变压器的断路器,都用本身的电流互感器的二次电流作为操作电源,可以省去单元与单元之间二次回路的联系,即简化了二次线,提高了操作回路的可靠性。但是,实现交流操作,不仅是接线上的改进,而且在二次回路中所使用的设备,如继电器的型号、断路器的操作机构必须符合交流操作的要求。

采用交流操作的主要优点是:不仅可以省去蓄电池组,而且还可以沿用原来用于直流操作性能良好的直流系列继电器,以及结构简单、价格低廉的电磁型断路器操作机构。体积小、性能好的硅整流器的问世,给实现整流操作创造了良好的条件。运行经验证明,整流操作电源不仅维护简单,而且工作性能稳定。

整流操作电源可分为两种类型:一种是利用由站用变压器(或电压互感器)引来的电压源和由被保护元件及上一级元件电流互感器来的电流源,它们经稳压整流后并联起来构成的复式整流装置;另一种是利用电容储能装置的整流电源。

硅整流电容储能的直流回路图,如图 8-6 所示。一般装设两组硅整流装置:一组用于合闸回路;另一组用于控制、信号和保护回路。其交流电源都来源于站用电源低压母线。图 8-6 中硅整流器 I (Z_I) 是供断路器合闸用的,容量较大,应保证最大一台断路器合闸电流的需要,一般采用三相桥式整流。为了保证直流母线电压为 220V,应用了隔离变压器 GB_1,其二次侧设有抽头,可以实现电压调节,GB_1 还起隔离交流侧(中性点接地系统)与直流侧的作用。硅整流

216

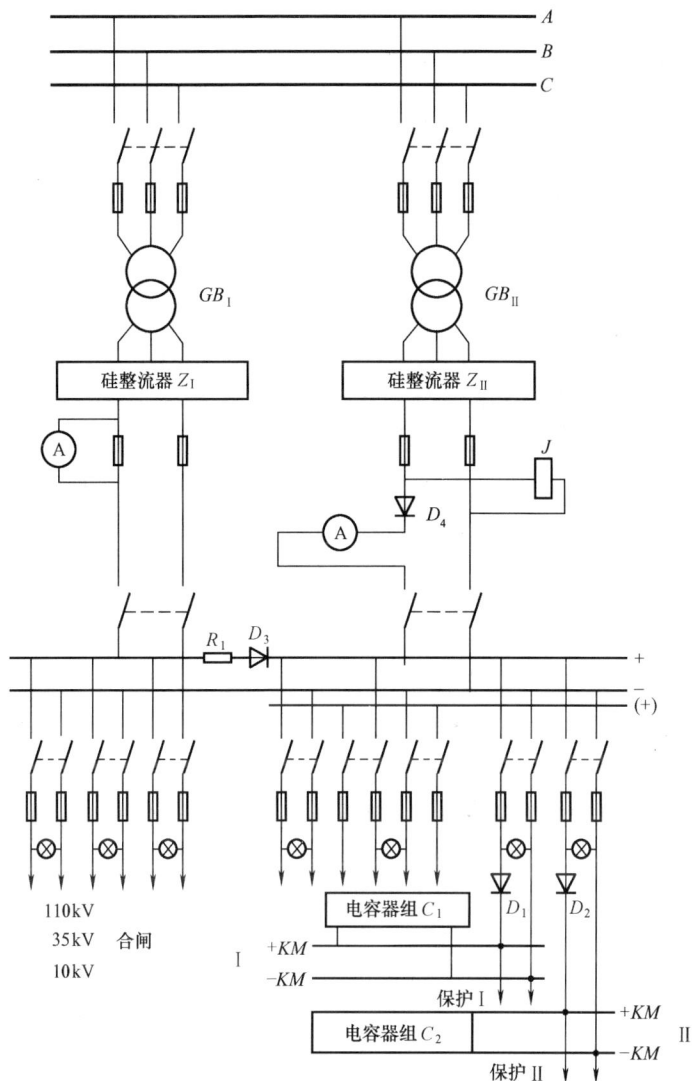

图 8-6 硅整流电容储能直流系统

器Ⅱ（Z_{II}）仅向操作母线供电，容量较小。它可以采用三相桥式整流，也可以采用单相桥式整流。和 Z_I 一样，也应用了隔离变压器，通过调节 GB_{II} 的抽头可使直流母线上的电压保持 220V，两组整流器之间用电阻 R_1 和二极管 D_3 隔开，D_3 在此处起逆止作用，它只允许合闸母线向操作母线供电，而不能反向供电，以防止在断路器合闸时，或合闸母线侧发生短路时，在控制母线上产生电压降，影响控制和保护回路供电的可靠性。电阻 R_1 用于限制控制母线侧发生短路时流过二极管 D_3 的电流，起保护 D_3 的作用。R_1 电阻值的选择应确保在熔断器熔断之前不致烧坏硅元件，但也不应过大，一般应在流过操作回路最大负荷电流时，其上的压降不超过额定电压的 15%。当直流母线电压为 220V 时，R_1 电阻值的变化范围约是 5～10Ω。接于硅整流器输出端的熔断器是快速熔断器，它起短路保护作用，在规格上应与馈线上的熔断器在熔断时间上实现有选择性的配合。跨接于 Z_{II} 输出端的电压继电器 J 是电源监视继电器，当 Z_{II} 输出端电压降低或消失时，继电器返回，其常闭触点闭合，发出预告信号。D_4 为隔离二极管，以防止当 Z_{II} 的输出端电压消失后，由 Z_I 向继电器 J 供电。

C_I 和 C_{II} 为储能电容器组，或称补偿电容器组。电容器组所储存的电能，仅在事故情况下，用于继电保护回路和跳闸回路的操作电源。当由于短路引起低压交流母线电压降低或消失时，可利用电容器向保护回路或跳闸回路放电，使断路器跳闸。为了防止在事故情况下电容器组向连接于控制母线上的其它回路（指示灯等）放电，利用硅二极管 D_1、D_2 将它与其它回路隔开，这样可以避免两组电容器同时向同一个保护回路放电。安装两组储能电容器的目的，是考虑将其中一组供变电站主进线的继电保护和跳闸回路用；另一组供各馈出线的继电保护和跳闸回路用。这样，当馈出线路上发生短路故障时，若继电保护动作，但断路器的操作机构失灵，跳闸线圈因长时间通电将该组电容器储存的能量很快耗尽而不跳闸，则起后备保护作用的上一级保护，如主变压器的过电流保护，仍可利用另一组电容器所供给的能量将故障切除。

第四节　绝缘监察装置回路图

直流系统在发电厂和变电站中具有重要的位置。要保证一个发电厂或变电站长期安全运行，其因素是多方面的，其中直流系统的绝缘问题是不容忽视的。发电厂、变电站的直流系统比较复杂，通过电缆沟与室外配电装置的端子排、端子箱、操作机构箱等相连接，因电缆破损、绝缘老化、受潮等原因发生接地的可能性较多，发生一极接地时，由于没有短路电流，熔断器不会熔断，仍可继续运行，但也必须及时发现、及时消除。通常，要求直流系统的各种小母线、端子回路、二次电缆对地的绝缘电阻值，用 500V 摇表测量其值不得小于 0.5MΩ。直流回路绝缘的好坏必须经常地进行监视。否则，会给运行带来许多不安全的因素。

现以图 8-7 为例说明直流接地的危害 。当图 8-7 中 A 点与 C 点同时有接地出现时，等于 $+KM$、$-KM$ 通过大地形成短路回路，可能会使熔断器 1RD 或 2RD 熔断而失去保护电源；当 B 点与 C 点同时有接地出现时，等于将跳闸线圈短路，即使保护正常动作，TQ 跳闸线圈也不会起动，断路器就不会跳闸，因此在有故障的情况下就要越级跳闸；当

A 点与 B 点或 A 点与 D 点，同时接地时，就会使保护误动作而造成断路器跳闸。直流接地的危害不仅仅是以上所谈的几点，还有许多，在此不一一作介绍了。

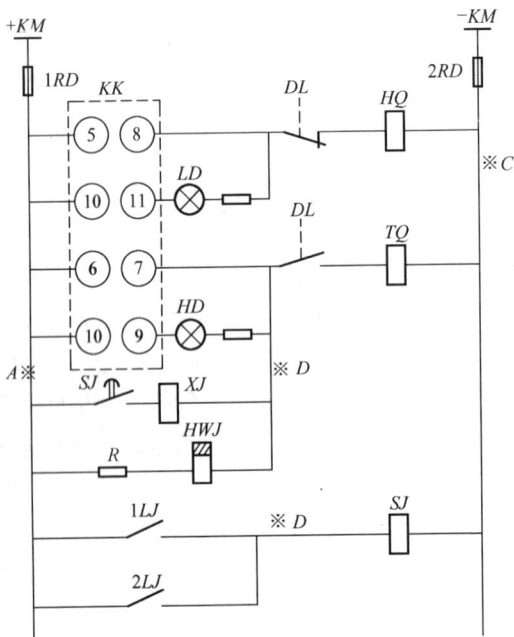

图 8-7　直流接地示意图

因为发生直流接地将产生许多害处，所以对直流系统专门设计一套监视其绝缘状况的装置，让它及时地将直流系统的故障提示给值班人员，以便迅速检查处理。现在对直流系统绝缘监察回路图进行分析（见图 8-8）。

通过转换开关 1ZK 可以对两组直流母线进行绝缘测量、绝缘监视及电压测量。

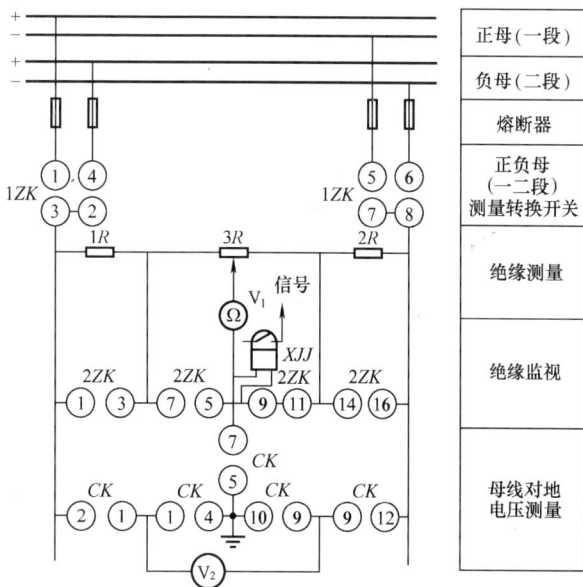

图 8-8　直流电压测量及直流绝缘监视装置原理接线图

1. 母线对地电压和母线间电压的测量

用一只直流电压表 2V 和一只转换开关 CK 来切换，分别测出正极对地电压（CK 触点①—②和⑨—⑩闭合）或负极对地电压（CK 触点①—④和⑨—⑫闭合）。如果直流系统绝缘良好，则在此两次测量中电压表 2V 的指针不动。在不进行正、负极对地电压测量时，转换开关 CK 的①—②和⑨—⑫触点闭合，电压表 2V 指示出直流母线间电压值。

2. 绝缘监视

绝缘监察装置能在某一极绝缘下降到一定数值时自动发出信号。其监视部分由电阻 1R、2R 和一只内阻较高的继电

器 XJJ 构成。当不测量母线对地电压时，CK 触点⑤—⑦ 及 $2ZK$ 触点⑦—⑤和⑨—⑪都在闭合状态，其电气接线如 图8-9所示。

1R 和 2R 与正极对地绝缘电阻 R_3 和负极对地绝缘电阻 R_4 组成了电桥，XJJ 相当于一个检流计，如图8-10所示。

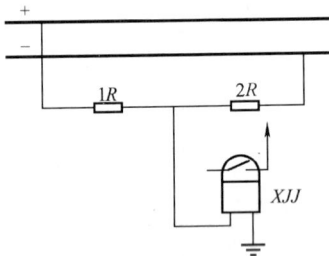

图8-9 绝缘监视部分
电气接线图

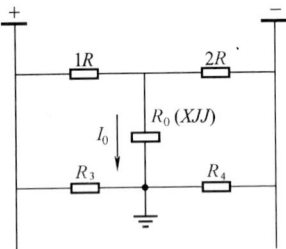

图8-10 绝缘监视部分的
原理分析

通常，$1R = 2R = 1000\Omega$。正常运行时，正、负极对地 绝缘电阻都较大，可假设 $R_3 = R_4$，故 XJJ 线圈中没有电 流，继电器不动作。当任一极对地电阻下降时，电桥就将失 去平衡，XJJ 线圈中就有电 流流过，当电流足够大时，继 电器就动作，自动发出信号， 如图8-8所示。

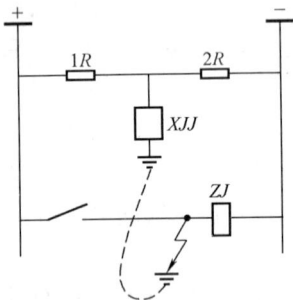

图8-11 绝缘监视部分使继
电器误动的分析

由于 XJJ 是接地的，使 直流系统中存在了一个接地 点。如果在直流二次回路中任 一中间继电器 ZJ 之前再发生 接地，继电器 ZJ 有可能产生 误动作，如图8-11所示。因此，对继电器 XJJ 提出了两个要求：其一，XJJ 内阻要足够大，使得在直流系统中所接入的最灵敏的中间继电器之前发生接地故障时，该中间继电器应保证不动作。为满足此要求，一般在 220V 和 110V 直流系统中 XJJ 继电器内阻应分别为 $20\sim30\mathrm{k\Omega}$ 和 $6\sim10\mathrm{k\Omega}$。其二，XJJ 的整定值要足够灵敏，当在直流系统中最灵敏的中间继电器之前发生接地故障时能动作发出信号，即当直流系统中任一极对地绝缘电阻小于最灵敏的中间继电器的内阻时，绝缘监视继电器 XJJ 能动作发出信号。为此，在 220V 或 110V 直流系统中，XJJ 的动作值一般均为 2mA 左右。

3. 绝缘测量

绝缘测量部分由 $1R$、$2R$、电位器 $3R$、转换开关 $2ZK$ 和一只高内阻磁电式电压表 $1V$（又称欧姆表）组成（见图 8-8）。欧姆表的标尺是双向的，刻成欧姆数或兆欧数，其内阻为 $100\mathrm{k\Omega}$，欧姆表的一端接到电位器 $3R$ 的滑动触头上，另一端经 CK 的 5—7 触点接地。$1R$、$2R$ 和 $3R$ 的阻值相等，都为 $1\mathrm{k\Omega}$。

平时，$2ZK$ 的①—③和⑭—⑯两对触点断开，由于正、负极对地绝缘电阻都较大，可以认为它们相等（即 $R_3 = R_4$），将电位器 $3R$ 的滑动触头放在中间，则电桥处于平衡状态，欧姆表上读数为无穷大。这和绝缘监视部分原理相同，见图 8-12。

当某一极对地绝缘电阻下降时，例如负极对地绝缘电阻 R_4 下降，则电桥失去平衡，欧姆表 $1V$ 指针偏转，指出负极对地绝缘电阻下降。若欲测量直流系统对地绝缘电阻，先将 $2ZK$ 的⑭—⑯触点闭合，短接 $2R$，调节电位器 $3R$（见图 8-8），使电桥重新平衡，欧姆表上读数为无穷大，随后转动 2ZK，使⑭—⑯触点断开，而①—③触点闭合，这时 1V 指针指示出直流系统对地的绝缘电阻。若正极对地绝缘电阻 R_3 下降，测量时则应先将 2ZK 的①—③触点闭合，短接 1R，调节电位器 3R 后，再将①—③触点断开，⑭—⑯触点闭合，这时 1V 就指示出直流系统对地的绝缘电阻。

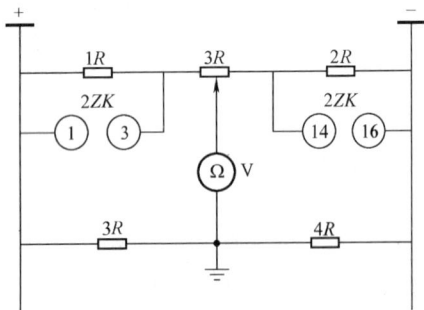

图 8-12　绝缘测量部分的原理接线图

第五节　BZGN 型镉镍电池直流电源回路图

镉镍电池是一种碱性电池，分为全烧结和半烧结两种。由这种蓄电池构成的直流电源在 110kV 及以下电压等级的变电站中做为操作控制及继电保护、自动装置的直流电源，其优点如下：

（1）体积小，总体投资少。

（2）无污染。

（3）维护方便。

（4）使用寿命长。

图 8-13 为 BZGN 型镉镍电池直流电源。

一、交流回路

浮充电机和定充电机均使用交流电源，其中浮充电机的容量较定充电机小，交流电源用站用变压器的单相 220V 电压，由开关 1K 来控制。为了使交流电源更加可靠，定充电机可接在另一电源上，用 380V 电压，由开关 2K 控制。

二、浮充电过程及其回路

稳压整流器 DWF，正常运行时带变电站中的直流负荷，并对镉镍电池组进行浮充电。因此，220V 的交流电经稳压整流器 DWF 变成直流后，再经浮充母线 FCM 及开关 25K、24K，分别对第一组和第二组镉镍电池进行浮充电。浮充电电流的大小可由 R_t 进行调整，改变 R_t 的阻值可将浮充电电流调到适当数值。这样，虽然镉镍电池组 DCH 正常运行时有负荷的消耗，但可以从浮充电电池中得到补充。因此，可使 DCH 保持足够的容量。

当合上开关 1K、3K、5K 后，直流母线开始带电工作。合闸回路中电流的大小可由电流表 A3 读出；整流后的总电流可由 A1 表读出；第一组和第二组镉镍电池的浮充电电流的数值可分别由 A5、A6 电流表读出；控制母线上的负荷电流数值可由 A4 电流表读出。

三、定充电过程及其回路

镉镍电池组运行一段时间以后或经大的放电过程，就要进行定充电，此时充电电流较浮充电电流要大（不同的容量有不同的数值）。其定充电回路中的设备有：定充整流器 STD，开关 4K 及定充母线 DCM。其定充过程如下：

（1）合上开关 2K、4K（使①和⑤、②和⑥连通）；

（2）将开关 24K、25K 由浮充电母线 FCM 切至定充电母线 DCM。此时即可充电。

四、控制母线上的电压调整回路及调压方法

这种直流电源系统分为控制母线（供继电保护及自动装置等负荷）及合闸母线两种。对于合闸母线，其电压变化范围可大些（＋10％）；而对于控制母线，其电压变化范围应小于±5％。

为了使控制母线上的电压保持在合格的范围内，故需要进行调整，其调压回路中的设备有：开关 $6K$、熔断器 $6RD$、$1—10TD$ 硅调整管、$2QK$ 转换开关所组成。

调压的方法很简单。当需要调压时，旋转 $2QK$ 转换开关，改变 $1—10TD$ 硅调压管的串联数量，即可达到调整电压的目的。每组硅调压管的调压范围是 $5\sim7V$，共有 10 组，所以调压范围为 $50\sim70V$。

五、交流停电后的工作状态

当交流回路因故停电后，镉镍电池组则将储存的化学能转变成电能而释放出来，满足合闸及控制母线上的负荷所需要的电能。给合闸母线放电的回路是：

$＋FCM$、$－FCM$ 浮充母线→开关 $5K$→$5RD$ 熔断器，向合闸母线提供电能。

给控制母线放电的回路是：

$6K$ 开关→$6RD$ 熔断器→$1—10TD$ 硅整流管，向控制母线放电。

回路中 $3D$ 是二极管，其作用是，当交流停电时，防止镉镍电池中所放出的电能被稳压整流器 DWF 等回路中的设备消耗掉。

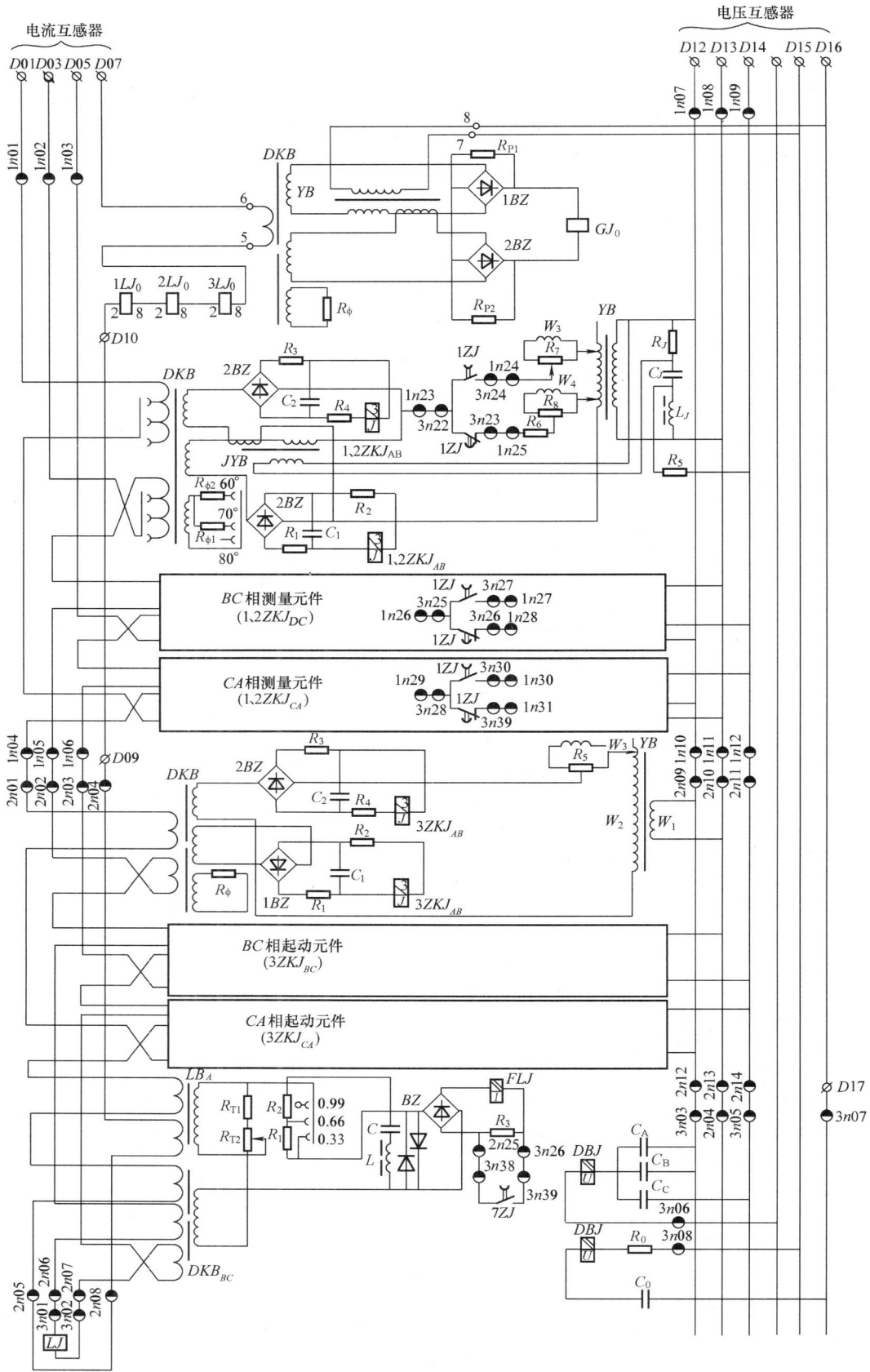

图4-18 PLH-11/B型距离保护装置交流回路全图

图4-19 PLH-11/B型继电器保护直流回路

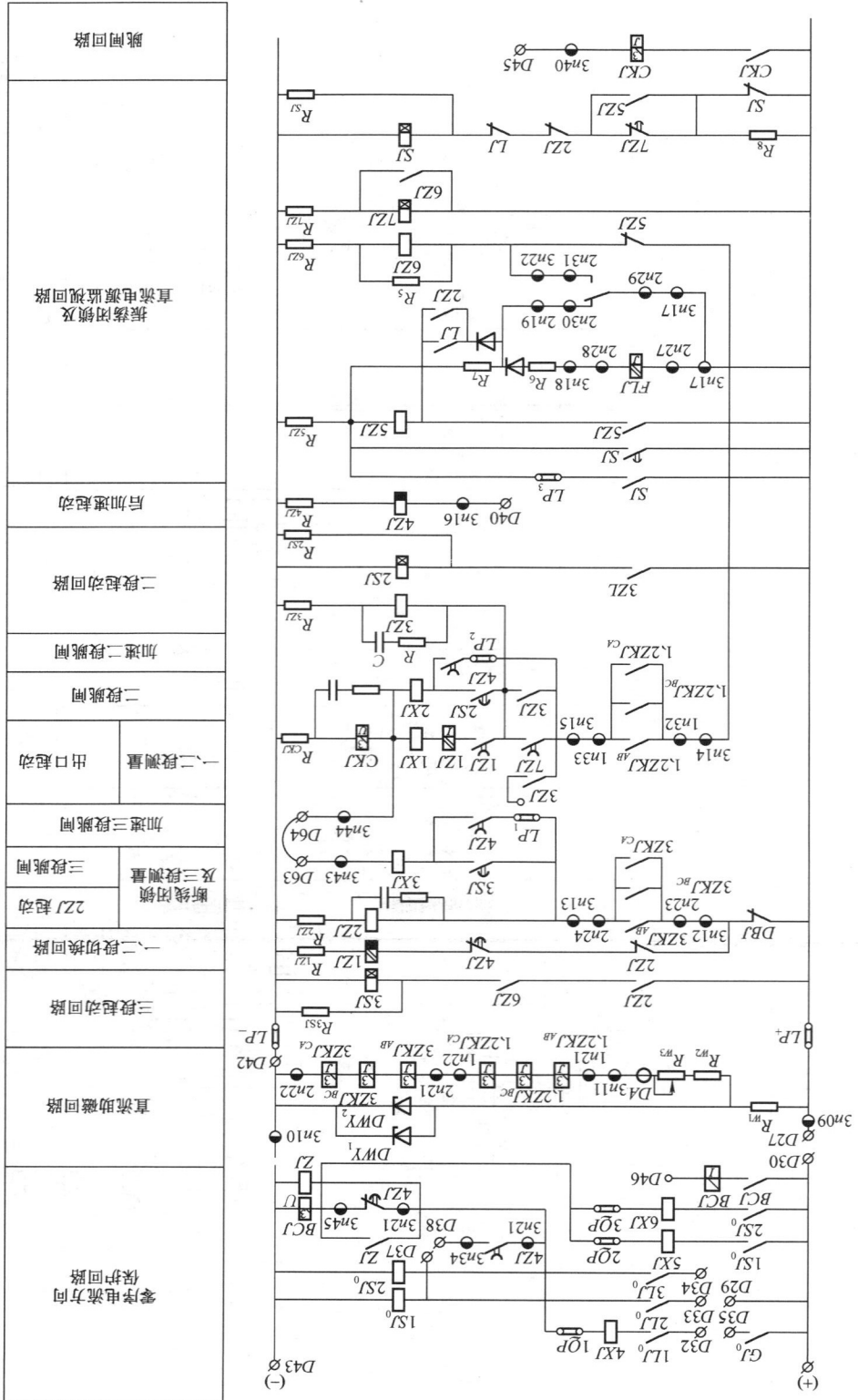

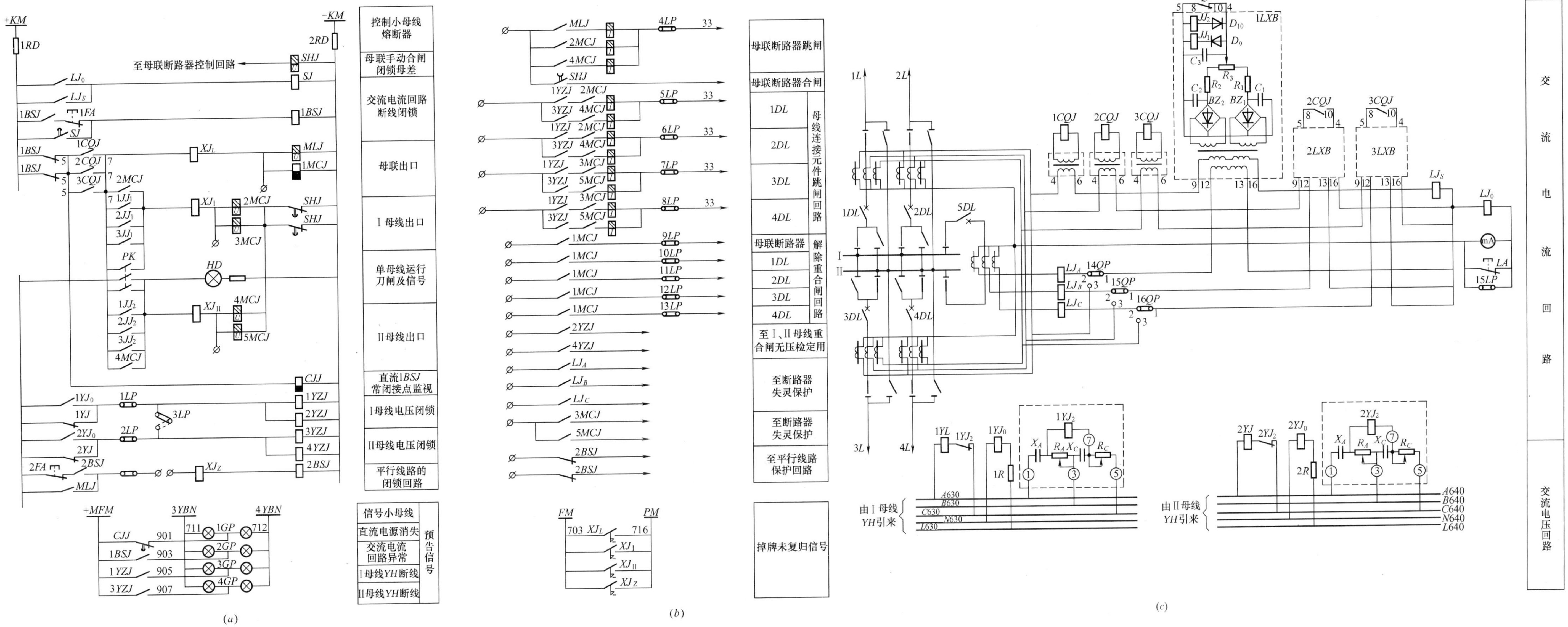
至母联断路器控制回路
控制小母线熔断器
母联手动合闸闭锁母差
交流电流回路断线闭锁
母联出口
Ⅰ母线出口
单母线运行刀闸及信号
Ⅱ母线出口
直流1BSJ常闭接点监视
Ⅰ母线电压闭锁
Ⅱ母线电压闭锁
平行线路的闭锁回路
信号小母线
直流电源消失
交流电流回路异常
Ⅰ母线YH断线
Ⅱ母线YH断线
预告信号
(a)
母联断路器跳闸
母联断路器合闸
1DL
2DL
3DL
4DL
母线连接元件跳闸回路
母联断路器
解除重合闸回路
至Ⅰ、Ⅱ母线重合闸无压检定用
至断路器失灵保护
至断路器失灵保护
至平行线路保护回路
掉牌未复归信号
(b)
由Ⅰ母线YH引来
由Ⅱ母线YH引来
交流电流回路
交流电压回路
(c)

图7-6　电流相位比较式母线差动保护回路的展开图

（a）直流逻辑回路；（b）跳闸及信号回路；（c）交流电压、电流回路

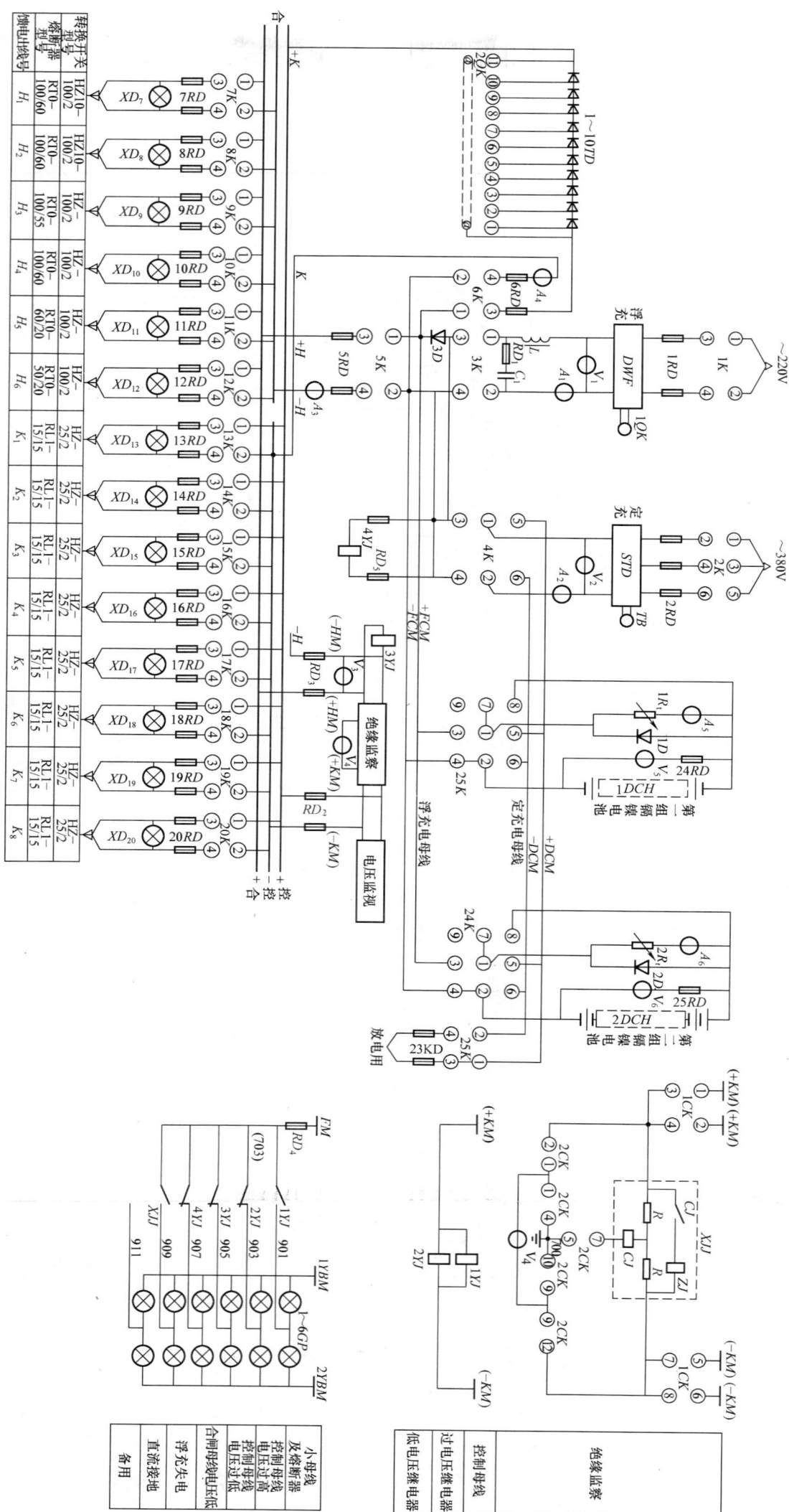

图8-13 BZGN型镉镍电池直流电源